1,400만 종 지구 생물
신비한 생명 탐험

1,400만 종 지구 생물
신비한 생명 탐험

생물의 탄생부터 유전공학까지

이화 그림 | 정완상 글

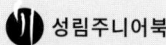
성림주니어북

추천의 글

만화로 풀어보는 생명의 비밀

어린 시절, 자연 속에서 자라며 누구나 한 번쯤 무심코 던졌던 질문들이 있습니다. 나무는 왜 자라나는 걸까? 벌들은 왜 꽃을 찾아다닐까? 물고기는 왜 물속에서만 살아갈 수 있을까? 이런 질문들은 자연에 대한 호기심을 자극하고, 세상의 원리를 깨닫게 해줍니다. 그러나 과학적 답을 찾으려면 때로는 복잡한 개념들을 이해해야 하죠. 그런데 그 어려운 개념들이 만화로 쉽고 재미있게 풀어진다면 어떨까요?

이러한 호기심 많은 학생을 위해 이 책은 완벽한 길잡이 역할을 합니다. 과학에 대한 기초적인 궁금증을 만화라는 친근한 형식을 통해 자연스럽게 풀어내면서 어린이들이 과학적 사고를 키울 수 있도록 돕습니다. 바이오캔, 바이오큐브, 바이오피어와 같은 매력적인 캐릭터들이 등장해 동물, 식물, 인체의 비밀을 탐험하며 복잡한 과학 원리를 유쾌하고 쉽게 설명해 줍니다. 책을 읽는 동안 어려운 생물학 개념도 손쉽게 이해할 수 있을 뿐만 아니라 과학적 탐구에 대한 관심과 열정이 자연스럽게 생겨날 것입니다.

이 책이 특별한 이유는 '과학'이라는 분야가 어렵고 딱딱한 지식이 아니라 우리 일상에 살아 숨 쉬는 지식임을 일깨워 준다는 점입니다. 책 속에

등장하는 다양한 생명체와 그들의 이야기는 우리가 교실 밖에서 쉽게 만날 수 있는 자연의 일부분입니다. 이 책을 읽으면서 학생들은 자신이 알고 있던 동물, 곤충, 식물들이 단순한 존재가 아니라 각각 고유의 특성과 생존 전략을 가지고 있다는 사실을 깨닫게 될 것입니다. 과학은 우리가 살아가는 환경을 이해하고 그 속에서 더 나은 미래를 꿈꾸게 하는 힘을 지니고 있음을 느끼게 해줄 것입니다.

이처럼 이 책은 과학적 사고를 키우고 자연을 이해하는 데 중요한 디딤돌이 되어줄 것입니다. 재미있게 읽으면서도 그 속에 담긴 지식을 통해 호기심의 불씨가 커지고, 탐구하는 자세를 자연스레 배울 수 있게 해줍니다. 이 책을 통해 많은 학생이 과학을 통해 세상을 더 넓게 바라보고 미래를 꿈꾸는 탐구자로 성장하길 바랍니다.

조치원대동초등학교 교사 이운영

작가의 말

과학에 대해 스스로 알아 가는
즐거움을 찾아보세요.

　이 책을 쓰면서 너무 행복했습니다. 오랫동안 어린이들을 위한 과학책을 써오면서 이번만큼 자유롭고 즐겁게 집필한 경험은 처음인 것 같습니다. 이 책은 생물학에 대해 처음 관심을 가진 초등학생들에게 초점을 맞추었습니다. 이 책의 가장 큰 특징은 형식을 조금 파괴하더라도, 재밌고 쉽게 읽을 수 있다는 것입니다. 마치 단톡방에서 채팅을 하는 것 같은 느낌을 주려고 채팅 형식을 사용했습니다.

　작가는 1998년부터 2002년까지 유행했던 세이클럽이라는 인터넷사이트(여러분의 엄마, 아빠에게 물어보세요.)에서 매일 과학방을 만들어 세 명 정도의 어린이들과 타임머신, 블랙홀, 별, 태풍, 동물, 식물 등에 대해 채팅했습니다. 작가가 물리학과 교수라는 사실은 숨기고 말이죠. 많은 아이들과 과학에 대해 이야기를 주고받으며 어떻게 설명하는 것이 아이들의 눈높이 맞을지, 또 어떤 부분의 과학에 대해 재밌어하는지 알게 되었습니다. 그 경험은 2004년부터 어린이들을 위한 과학책을 150여 권을 쓸 수 있었던 밑바탕이 되었습니다.

　생물학에 대한 책은 셀 수 없을 정도로 많습니다. 하지만 이 책에는 초등학생이 궁금해하고 알 수 있을 만큼의 내용만을 담으려고 노력했습니다. 아마도 이 책을 읽고 나면 "내가 바로 초등학생 생물학자다!"라고 자신 있게 말할 수 있을 것입니다. 이 책은 크게 3부로 나누었습니다. 1부에서는 생물의 종류에 이야기했습니다. 여러 가지 재미있는 동물과 식물들과 곤충들에 대해 재미있는 웹툰을 곁들여 보았습니다. 2부에서는 인체의 신비에 대해 다루었습니다. 영양소 이야기, 소화에 대한 이야기, 혈액에 대한 이야기, 호흡과 배설에 관한 이야기, 감각에 대한 이야기, 신경계 이야기, 미생물 이야기와 같은 내용들을 다루어보았습니다. 3부에서는 유전에 대해 다루었습니다. 이 장에서는 다윈과 멘델과 같은 위대한 생물학자들의 전기가 나오고 왜 엄마 아빠와 내 모습은 비슷한지 알 수 있는 유전의 법칙에 대해 다루었습니다. 그 밖에서 유전과 관련된 재미있는 이야기들과 의료기기에 대한 이야기도 다루었습니다.

과학에 대한 첫 번째 경험은 쉽고 재밌어야 합니다. 이 경험을 통해 좀 더 어려운 내용에 도전할 수 있게 됩니다. 첫 번째 경험이 너무 어렵고 지루하다면 과학에 대한 흥미를 일찍 포기할 수 있다는 게 작가의 생각입니다. 그래서 이 책을 통해 초등학생들이 생물학에 대한 흥미와 관심을 가질 수 있도록 정보의 홍수를 제어하려고 노력했습니다. 이 책에 없는 정보들은 여백의 미로 여기고 스스로 찾아보는 즐거움을 느끼길 바랍니다. 인터넷에서 정보를 조사하는 즐거움은 좋은 과학자가 되는 하나의 방법이니 말입니다.

초등학생들은 과학뿐만 아니라 많은 것을 배우고, 많은 책을 읽고, 좋은 생각을 많이 가져야 합니다. 여러분들이 이 책을 읽으며 과학자를 꿈꾸며 앞으로 나아갈 때, 언제든지, 어떤 채널을 통해서든지 작가는 여러분에게 좀 더 많은 내용을 알려드릴 것을 약속합니다. 이 책에서는 부디 작가가 말하는 '여백의 미'를 통해 우주에 대한 풍성한 상상을 하길 바랍니다.

이 책을 기획해 준 성림원북스의 모든 분에게 감사드립니다. 특히 아름답고 재미있는 그림을 그려준 이화 님에게 감사를 드립니다.

경상남도 진주에서 정완상

프롤로그 { **바이오캔, 바이오큐브, 바이오피어 탄생하다**

바이오 왕국은 파블 왕이 통치하는 나라로 수많은 동물과 식물이 살고 있다. 그래서인지 바이오 왕국은 먹거리가 풍부해 음식문화가 발달해 있었다. 미식가인 파블왕과 그의 아내 시투나 왕비는 왕국 내에서 가장 요리 실력이 뛰어난 머금직스를 궁중 요리사로 채용해 다양한 음식을 즐기며 맛보는 생활을 누릴 수 있었다.

또한 파블왕에게는 나라를 잘 다스리는 데 보좌하는 충실한 비서 매지쿠스도 있었다. 매지쿠스는 과학적으로 파블왕을 모시기 위해 생명로봇 팀을 꾸렸고 3년간의 연구 끝에 생명과학 로봇 삼총사인 바이오캔, 바이오피어, 바이오큐브를 탄생시켰다. 생명과학 천재 로봇 바이오캔을 중심으로 생명과학 로봇 삼총사는 파블왕을 도와 바이오 왕국의 수많은 위기를 극복하는 데 앞장섰다.

한편, 바이오 왕국과 라이벌 관계인 비루스 왕국의 비루스 왕이 시름에 잠겼다. 그 이유는 바로 생명과학 로봇 삼총사의 탄생이었다. 비루스 왕은 비루스 왕국을 바이오 왕국 못지않게 잘 통치하고 있었다. 하지만 비루스 왕은 자신의 나라에 이렇다할 과학자가 없어서 내심 과학자이자 충실한 신하인 매지쿠스가 있는 파블 왕을 종종 부러워하곤 했었다. 그러던 중 바이오 왕국에서 생명과학 로봇이 탄생했다는 소식이 들려왔던 것이다. 이 소식에 비루스 왕은 속앓이를 하며 끙끙거리기만 할 뿐이었다.

이제 이 두 나라의 재미있는 이야기가 전개된다. 바이오 왕국과 비루스 왕국은 많은 대결에서 생명과학 로봇 삼총사의 활약을 구경하면서 생물학의 신비에 빠져보자.

차례

[추천의 글]
만화로 풀어보는 생명의 비밀　　　　4

[작가의 말]
과학에 대해 스스로 알아 가는　　　　6
즐거움을 찾아 보세요

[프롤로그]
바이오캔, 바이오큐브, 바이오피어 탄생하다　9

1부 동물, 식물, 곤충

1 포유류   18

2 우리 주위의 동물   32

3 조류   45

4 물고기와 상어   60

5 연체동물, 절지동물
그리고 양서류와 파충류   72

6 식물   89

7 곤충   106

8 동물의 신기한 행동   126

2부 사람, 인체의 신비

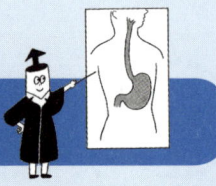

1 영양소   142

2 소화   153

3 혈액   169

4 호흡과 배설   185

5 피부와 감각   195

6 자극과 반응   210

7 미생물   227

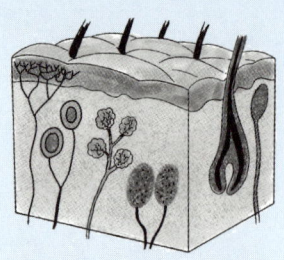

3부 유전과 생명과학

1 종의 분류   **248**

2 진화   **260**

3 유전 법칙   **275**

4 성염색체 X, Y   **298**

5 유전공학: 유전자 가위   **309**

6 의료기기   **320**

[에필로그]   **333**

1부
동물, 식물, 곤충

1 포유류

바이오캔 지구에는 많은 종류의 동물과 식물이 살고 있어.

바이오큐브 동물과 식물은 어떤 차이가 있지?

바이오캔 동물은 식물과 달리 스스로 움직일 수 있는 능력을 갖추고 있어. 그리고 또 하나 동물의 특징은 바로 다른 생물이 만든 물질을 먹이로 하여 살아 나간다는 점이지. 하지만 식물은 동물과는 반대로 필요한 양분을 스스로 만들 수 있어. 대신 식물은 자유롭게 움직일 수 없지.

바이오큐브 동물은 어떻게 분류하지?

바이오캔 동물을 크게 분류하는 기준은 등뼈(척추)가 있는지야. 등뼈가 있는 동물을 척추동물이라고 하고 등뼈가 없는 동물을 무척추동물이라고 하는데, 척추동물은 크게 포유류, 조류, 어류, 양서류, 파충류로 나뉘어져. 오늘 이야기의 주인공은 포유류야.

바이오큐브 포유류의 정확한 정의는 뭐지?

바이오캔 포유류란 어미의 배 속에서 다 자란 새끼를 낳아 젖을 먹여 기르는 동물을 말하는데, 다른 말로는 젖먹이 동물이라고도 불러. 이 동물은 척추를 가지고 있고 다른 동물들에 비해 대뇌가 발달하여 있어서 지능이 높아.

바이오피어 포유류의 특징은 뭐지?

바이오캔 포유류의 특징을 살펴보면 다음과 같아.

> 1. 등뼈를 가지고 있다.
> 2. 온몸이 털로 덮여 있다.
> 3. 튼튼한 네 개의 다리를 가지고 있다.
> 4. 폐로 숨을 쉰다.
> 5. 항온동물이다.
> 6. 심장이 두 개의 심실과 심방으로 이루어져 있다.

바이오피어 항온동물이 무슨 뜻이야?

바이오캔 항온동물이란 체온이 외부의 기온이 오르고 내리는 것과 관계없이 항상 일정한 온도를 지닌 동물을 말하는데, 포유류와 조류가 여기에 속해. 포유류에는 사람을 비롯하여

	개, 원숭이, 코끼리, 사자, 고래, 박쥐 등 많은 동물이 있어.
바이오피어	그렇군.
바이오캔	이제 초식동물과 육식동물을 얘기할게. 동물 중에는 자신보다 작은 동물을 먹고 사는 동물이 있는데 이들을 육식동물이라고 부르고, 풀을 먹고 사는 동물을 초식동물이라고 불러. 육식동물은 송곳니가 발달해서 고기를 잘 찢을 수 있고 초식동물은 어금니가 발달해서 풀을 잘 부술 수 있어. 그래서 육식동물은 소화관의 길이가 초식동물에 비해 짧아. 또한 초식동물 중에는 소, 양, 낙타와 같이 되새김위를 가진 것들도 있어. 이제 툰에 나온 동물들의 이야기를 해볼게. 가장 먼저 호랑이 이야기.
바이오피어	좋아.
바이오캔	호랑이는 고양잇과 동물로 아시아의 밀림에 살지. 시베리아 호랑이, 벵골 호랑이, 수마트라 호랑이 등 세 종류가 있는데, 이 중 시베리아 호랑이가 덩치가 제일 커.
바이오큐브	호랑이는 뭘 먹고 살지?
바이오캔	육식동물이니까 작은 동물을 먹고 사는 데, 특히 좋아하는 것은 멧돼지와 사슴이야. 하지만 때로는 코뿔소나 코끼리같이 덩치가 큰 초식동물을 잡아먹기도 하지.
바이오피어	호랑이는 어떤 방식으로 사냥하지?
바이오캔	먹이를 발견하면 살그머니 다가가서 동물의 목덜미를 물

어 쓰러뜨린 다음 숨통을 힘껏 물어 질식시키지.

바이오피어 호랑이의 생활방식은 어때?

바이오캔 호랑이는 암컷과 수컷, 새끼들로 구성된 가족 집단을 이루어 생활해. 그리고 호랑이는 자신의 텃세권을 표시하기 위해 여기저기에 오줌을 싸거나 항문에서 나오는 특수한 액체를 뿜어내곤 해. 그 습성이 남아서인지 동물원의 호랑이도 아침에 눈을 뜨자마자 대소변을 보는 습성이 있어. 호랑이는 추운 지방에 살기 때문에 더위에 약해. 열대 지방에 사는 수마트라 호랑이나 벵골 호랑이는 강에 뛰어들어 더위를 식히고, 북쪽에 사는 시베리아 호랑이는 물을 꼬리에 묻혀 몸에 뿌리는 방법으로 더위를 이겨내지.

바이오캔   이번에는 캥거루 이야기. 캥거루는 유대류의 동물이야.

바이오큐브   유대류가 뭐지?

바이오캔   배에 주머니가 있는 동물을 유대류라고 불러.

바이오피어   캥거루가 높이 뛸 수 있다는 게 사실이야?

바이오캔   물론. 캥거루는 멀리뛰기 선수이면서 동시에 높이뛰기 선수야. 캥거루는 시속 40~50킬로미터로 달리고 5~8미터를 점프할 수 있지.

바이오큐브   그런데 캥거루 새끼는 왜 엄마 캥거루의 주머니 속에 있지?

바이오캔   캥거루는 배 속에서 새끼를 완전히 기르지 못하고 낳거든. 그래서 새끼는 5~6개월 동안 어미의 주머니 속에서 젖을 먹고 자라. 또 주머니 속에 있으면 따뜻해서 지내기 좋고 다른 동물로부터 공격당하지 않기 때문이야.

바이오큐브   또 다른 유대류 동물도 있어?

바이오캔   코알라도 유대류야. 원래 코알라는 원주민들의 말로 '물을 안 먹는다'라는 뜻이야. 말뜻처럼 코알라는 유칼리나무의 잎사귀만 먹거든. 코알라의 창자는 아주 길어서 식물의 성분들을 잘 소화시킬 수 있지. 코알라도 새끼를 낳으면 주머니에서 3개월 정도 길러. 그 후 6개월 정도 엄마 코알라가 업고 다녀.

바이오캔   이번엔 덩치가 큰 동물인 코끼리와 기린에 관해 이야기해 볼게. 먼저 코끼리는 포유류 중에서 가장 몸집이 커.

바이오피어   코끼리는 어디에 살지?

바이오캔   코끼리는 아프리카와 인도 등에서 살아. 코끼리의 긴 코는 많은 역할을 하는데, 냄새를 맡고 물건을 집기도 하고 나뭇잎을 따는 건 우리도 잘 알고 있지. 그 외에도 소리를 내어 친구를 부르기도 하고 물을 빨아들여 목욕도 해. 이렇게 코끼리의 코는 하는 일이 많지만 싸울 때만큼은 여간해서는 코를 사용하지 않아. 코끼리는 평생 성장을 하며 10대 때 가장 많이 자라. 암코끼리는 열두 살에서 열세 살이 되면 자신의 새끼를 낳을 수 있고 수코끼리는 열네 살 정도면 무리를 떠나 혼자 생활해.

바이오피어 코끼리에게 코는 정말 소중한 것이군.

바이오캔 기린은 포유류 중에서 키가 6미터 정도로 가장 큰 동물이

야. 특이하게 기린은 잠을 서서 자는데 그 이유는 적을 발견하면 빨리 도망치기 위해서이지. 보통 하루에 20분 정도만 자는데, 주로 선 채로 꾸벅꾸벅 졸지. 그리고 기린은 키가 커서 다른 동물이 다가오는 것을 빨리 발견하기 때문에 초원의 파수꾼 역할을 해. 얼룩말이나 영양의 무리가 기린 옆을 맴도는 건 기린이 적이 오는 것을 빨리 알아채기 때문이지.

바이오피어 재미있는 포유류들이 많군.

바이오캔 다음 장에서 우리 생활에 좀 더 밀접한 동물들을 알아보자.

2 우리 주위의 동물

개

바이오캔 오늘 주제는 우리 주위의 동물이야. 먼저 개에 대해 알아볼까? 개는 사람들에게 길든 가장 오래된 가축이야. 성질이 온순하고 영리하며 충성심이 강해 많은 사람이 개를 좋아해.

바이오큐브 개도 원래는 야생이었어?

바이오캔 개의 조상은 늑대야. 아주 오래전에 사람들이 이 늑대를 길들였고, 이렇게 길든 늑대가 점차 지금의 개의 모습으로 변화한 거지. 그래서 개도 늑대처럼 추위에 강해. 가장 추위에 강한 개는 북극에 사는 에스키모개야.

바이오큐브 개가 추위에 왜 강한데?

바이오캔   그건 털 때문이야. 개의 털에는 겉 털과 속 털이 있거든. 속 털은 겉 털 사이에 나 있는 잔털을 말하지. 에스키모개는 이런 잔털들이 많아서 눈 위에서도 추위를 느끼지 않고 잘 수 있어. 반면 털이 짧은 치와와나 도베르만, 그리고 속 털이 없는 말티즈는 추위에 약해.

바이오큐브   와~ 그럼, 지금의 개의 모습에서 늑대의 흔적을 찾을 수 있겠네?

바이오캔   맞아. 아무래도 늑대에서 변화했으니까. 좀 전에 말했듯이 추위에 강한 점을 꼽을 수 있지. 또 개가 낯선 사람을 보면 짖는 것도 늑대의 습성을 버리지 못해서야.

바이오피어   늑대의 습성이라고요? 잘 이해가 안 되는데?

바이오캔 낯선 사람을 보고 개가 짖는 것은 다른 개들을 부르는 소리인데, 이는 늑대가 울부짖으며 동료를 부르는 것과 같은 행동이니까.

바이오큐브 개는 왜 헉헉대며 숨을 쉬지?

바이오캔 이것은 개가 체온을 내리는 방법이지. 사람들은 개가 혓바닥을 길게 내밀어서 체온을 내린다고 생각하지만, 개의 혀는 체온조절에 아무 역할도 하지 않아. 실제로 개의 체온을 내리는 역할은 콧구멍이 해. 체온이 올라간 개는 콧속으로 공기를 들이마신 후 입으로 내 쉬어. 개의 콧속은 언제나 축축해서 콧바람이 열을 잘 빼앗아 가거든.

바이오피어 개는 왜 꼬리를 흔들지?

바이오캔 그걸 물어볼 줄 알았어. 후후. 그것은 기뻐서야. 개는 기쁠 때 꼬리를 흔들어.

바이오피어 그럼 화날 때는?

바이오캔 꼬리를 위로 치켜세워. 그리고 입을 벌려 이빨을 드러내지.

바이오피어 그럼 무서울 때는?

바이오캔 그땐 꼬리를 다리 사이에 감춰. 그리고 귀를 뒤로 젖혀.

바이오피어 그럼 개의 꼬리만 보면 개가 어떤 기분인지를 알 수 있겠군.

바이오캔 맞아.

바이오큐브 개는 왜 여기저기 오줌을 싸지?

바이오캔 그건 자신의 영역을 나타내기 위해서야. 물론 나무에 오줌을 누는 개는 암캐가 아니라 수캐야. 개는 냄새를 잘 맡기 때문에 오줌 냄새를 통해서 자기 동료들을 찾기도 하지.

바이오피어 개는 얼마나 오래 살지?

바이오캔 개의 수명은 보통 12년에서 15년이야. 하지만 코커스패니얼은 수명이 29년 정도로 아주 오래 살아.

고양이

바이오캔 이번에는 고양이 이야기. 궁금한 거 모두 물어봐.

바이오큐브 고양이도 개처럼 기분이 좋으면 꼬리를 흔드나?

바이오캔 그렇지 않아. 대신 고양이는 허영심이 많아서 꼬리를 빳빳이 세워 자신을 뽐내지.

바이오큐브 역시 고양이답네. 흠, 그리고…… 또 뭐가 있을까? 아, 맞다! 고양이는 왜 높은 곳에서 떨어져도 괜찮은 거지?

바이오캔 고양이는 다른 동물들보다 고막 안쪽에 있는 세반고리관이 발달되어 있어서야.

바이오큐브 세반고리관?

바이오캔 세반고리관은 몸의 평형감각을 맡고 있는 기관인데, 우리 몸에도 있어. 그러니까 세반고리관이 발달한 고양이는 높은 곳에서 떨어져도 평형을 잘 유지할 수 있어서 다치지 않는 거지.

바이오피어 고양이가 발톱을 자주 가는 이유는 뭐지?

바이오캔 고양이는 발톱이 무척 빨리 자라 쉽게 뭉툭해질 수가 있어. 그런데 이 발톱이 날카롭지 않으면 높은 곳에 잘 올라갈 수 없어서 네 말대로 늘 '벅벅' 갈고 있는 거지. 크크크.

바이오피어 귀여운 고양이도 밤에 눈을 보면 무서워 죽겠어. 밤에 뭘 보려는 건지 눈을 부릅뜨고 있던데?

바이오캔 고양이의 눈은 사람의 눈보다 여섯 배 정도 빛에 민감해. 고양이 눈의 망막 뒤에 빛을 모으는 세포가 있거든. 그래서 다른 동물들보다 밤에 더 잘 볼 수 있는 거지. 고양이가 밤에도 눈을 부릅뜨고 있는 건 사물을 잘 보기 위해서야.

바이오피어 고양이의 눈동자가 낮과 밤에 다른 건 왜지? 낮에는 눈동자를 사납게 뜨잖아. 동그랗지 않고.

바이오캔 낮에는 많은 빛을 받으니까 눈을 가늘게 뜨는 거고, 밤에는 빛의 양의 적어지니까 눈을 크고 동그랗게 떠서 많은 빛을 받아들이려고 하는 거야.

바이오피어 고양이의 눈은 왜 밤에 빛나 보이지?

바이오캔 고양이는 밤에 활동하는 동물이야. 그래서 어두운 곳에서도 물체를 잘 볼 수 있지. 사람의 눈에는 희미한 빛이라도 고양이의 눈은 그 희미한 빛을 반사해서 물체를 봐. 고양이의 눈이 밤에 빛나 보이는 건 그래서야.

바이오큐브 고양이는 모든 색깔을 구별하나?

바이오캔 아니야. 파랑과 노랑은 구별하지만, 빨강은 인식하지 못해. 그래서 고양이의 눈에 숲은 항상 푸르게 보이지.

바이오피어 왜 고양이는 더러운 쥐를 먹는 거지?

바이오캔 그건 타우린 때문이야.

바이오피어 그게 뭔데?

바이오캔 쥐나 생선, 그리고 고양이 사료 속에는 타우린 성분이 많이 들어 있는데, 타우린은 아미노산의 일종으로 사람이나 다른 동물 대부분은 자체 생산이 가능한 물질이야. 반면 고양이는 자체적으로 생산을 할 수 없지. 그런데 고양이에게 타우린은 중요한 성분이거든. 고양이가 이 성분을 먹지 못하면 시력이 점점 나빠져 나중에는 장님 고양이가 되거든. 그래서 고양이가 쥐를 먹는 거야.

바이오큐브 아하, 그렇구나.

바이오캔 어때? 개와 고양이에 대해 좀 더 잘 알게 되었어? 앞으론 개와 고양이의 성질에 맞게 잘 대해줘. 그럼 다음 장에서는 날아다니는 동물, 새들에 대해서 알아보자.

 조류

조류의 특징

바이오캔　오늘은 조류에 대해 이야기할 거야. 조류는 우리가 흔히 새라고 말하지.

바이오큐브　새는 어떻게 하늘을 날 수 있지?

바이오캔　새가 하늘을 날 수 있는 것은 날개 때문이야. 새의 날개는 공기의 힘을 잘 받을 수 있는 비행기 날개처럼 되어 있지. 또 날갯짓을 힘차게 할 수 있도록 가슴뼈가 발달해 있어. 그뿐만 아니라 새의 몸은 날기에 적합한 모습이야. 우선 새는 머리가 작고 뼈 속이 텅 비어 있어서 몸이 아주 가벼워. 그리고 몸 안에는 폐와 연결된 공기주머니가 있어서 더욱 가벼운 몸을 만들 수 있지. 그리고 새의 몸은 아주 가

벼운 깃털로 덮여 있는데 이 깃털들 사이에 공기가 담길 수 있어서 하늘을 잘 날 수 있어.

바이오피어 새의 특징은 뭐지?

바이오캔 우선 새들은 이빨이 없어. 그 대신 몸속에 모래주머니가 있어 삼킨 먹이를 잘게 부수어 주지. 새들은 사람처럼 귓불이 있는 것은 아니지만 작은 소리를 들을 수 있는 귓구멍을 가지고 있어. 대표적인 조류를 예로 들어 알아보자고.

닭

바이오큐브 닭은 어떻게 암컷과 수컷을 구분하지?

바이오캔 볏을 보면 돼.

바이오큐브 어떤 차이가 있는데?

바이오캔 수탉은 화려하고 큰 볏을 가지고 있고 암탉은 작고 초라한 볏을 가지고 있거든.

바이오피어 병아리는 어떻게 암컷과 수컷을 구분하지?

바이오캔 항문을 보면 돼. 수컷 병아리의 항문에는 작은 혹이 있고 암컷에는 없거든.

바이오큐브 암탉이 달걀을 얼마 동안 품고 있어야 병아리가 되지?

바이오캔 21일 정도야. 암탉이 달걀을 품는 것은 따뜻하게 해주기 위해서지. 병아리가 알을 깨고 나오려면 적당한 온도, 습도, 공기가 필요하거든.

물새

바이오큐브 어떤 새들은 물에 뜨는데 어떻게 물에 뜨는 거지?

바이오캔 그런 새들을 물새라고 불러. 물에 뜨는 새들은 주로 몸에서 기름이 나와. 오리처럼 말이야.

바이오피아 오리는 꼬리에서 기름이 나와 오리털을 통해 온몸에 기름 칠한다고 했지.

바이오캔 맞아. 기름은 물보다 밀도가 작아 물에 뜨는 성질이 있어. 그래서 물새들이 물에 뜰 수 있는 거지. 그리고 기름과 물은 섞이지 않아서 물새들이 오랜 시간 헤엄쳐도 깃털이 물에 젖지 않아.

바이오피아 툰에서 비누칠을 한 오리가 물에 빠진 이유는 뭐야?

바이오캔 비누는 기름기를 제거하는 성질이 있거든. 오리를 비누로 닦으면 오리털에 발린 기름이 제거되어 오리의 밀도가 물보다 커져서 물에 가라앉게 된 거지.

바이오피어   백조가 물 밖으로 나오면 날개를 툭툭 치는 이유는 뭐지?

바이오캔   깃털에 조금이라도 묻어 있는 물을 털어내는 거야. 그래야 날아갈 수 있으니까.

공작

바이오큐브   공작은 왜 깃을 활짝 펼치는 거지?

바이오캔   깃을 펼치는 건 수컷인데, 수컷 공작이 깃털을 펼치는 이유는 암컷을 사랑을 받기 위해서야. 공작의 날개길이는 수컷이 50센티미터, 암컷이 40센티미터야. 공작은 수컷만이 아름답고 화려한 깃털을 가지고 있어. 암컷의 깃털은 수컷에 비해 볼품이 없지.

1부 동물, 식물, 곤충

타조

바이오피어 타조는 왜 날지 않아?

바이오캔 타조는 날지 않는 게 아니라 못 나는 거야. 타조는 새 중에서 제일 큰 새야. 키가 2.5미터 정도이고 몸무게가 130킬로그램 정도이니까. 물론 타조도 날개가 있어. 하지만 퇴화해서 작아졌지. 그렇게 작은 날개로 무거운 몸의 타조가 하늘로 날아오를 수 없는 건 당연해.

바이오큐브 타조도 무리 지어 생활하나?

바이오캔 물론. 10~50마리가 한 무리를 이루어 지내지. 타조는 수컷 한 마리가 암컷 3~5마리를 거느리며 살아. 암컷 타조는 수컷 타조 앞에서 다리를 높이 들어 올리고 날개를 퍼덕이면서 자신들이 수컷에 관심 있다는 것을 나타내지. 이때 수컷 타조는 땅바닥에 주저앉아 머리를 뒤로 젖혀

등을 때리는데, 이것은 암컷의 결혼 신청을 받아들인다는 뜻이야. 타조는 새끼를 잘 보호하지. 수컷들은 자신들의 새끼를 모두 모이게 한 후 달리기 시합을 해.

바이오피어 달리기 시합은 왜 하지?

바이오캔 아버지를 결정하는 게임이야. 달리기에서 지면 아버지 자격을 박탈당해. 그러니까 무조건 달리기에서 이긴 수컷만이 아버지가 되는 거지. 아! 또 한 가지 재미있는 사실이 있어. 타조는 헬멧을 쓰면 소리를 못 들어.

바이오피어 그건 왜?

바이오캔 타조의 귓구멍이 뒤통수에 붙어 있기 때문이야. 타조는 자신을 공격하는 동물들의 움직임을 더 빨리 들으려고 귓구멍이 뒤통수에 붙어 있거든.

독수리

바이오캔 독수리 얘기를 해볼까? 독수리는 어두운 갈색 깃털을 가지고 있고 이마에서 머리까지는 솜털로 뒤덮여 있으며 목 부분에는 목도리 모양의 깃이 있어.

바이오큐브 독수리는 어떻게 하늘 높은 곳에서 먹이를 볼 수 있지?

바이오캔 독수리는 시력이 좋아. 사람의 8배 정도로. 검독수리는

3.2킬로미터 높이에서 땅 위의 토끼를 볼 수 있다고 하니까.

바이오피어 타조알을 먹는 독수리도 있다고 하던데?

바이오캔 이집트 독수리야. 큰 돌멩이를 주어와 위에서 떨어뜨려 구멍을 내서 먹지.

바이오피어 우와! 머리 좋다. 과학자 해도 되겠네.

올빼미, 부엉이

바이오캔 이제 밤의 제왕 올빼미와 부엉이에 관해 얘기해보자.

바이오큐브 올빼미와 부엉이가 잘 구별이 안 돼.

바이오캔 간단하게 구별하는 방법이 있어. 올빼미는 머리에 긴 깃털이 나 있지 않고 부엉이는 머리에 긴 깃털이 있지. 그걸로 구별하면 돼. 둘 다 대부분 밤에 활동하는 야행성이라 낮에는 나뭇가지에 앉아 움직이지 않아.

바이오큐브 올빼미는 어떻게 밤에 잘 볼 수 있는 거지?

바이오캔 간단해. 올빼미는 눈이 크기 때문에 빛을 많이 모을 수 있어. 그래서 올빼미는 어둠 속에서 비둘기보다 100배나 더 잘 물체를 볼 수 있지. 그리고 올빼미의 눈은 다른 새와 달리 사람의 눈처럼 머리 앞에 붙어 있어서 물체까지의 거리를 정확하게 잴 수 있어.

바이오큐브 낮에는 독수리, 밤에는 올빼미의 시력을 따라올 자가 없겠네.

바이오캔 하하! 한 가지 더! 올빼미는 천연기념물이면서 멸종위기 야생생물 2급으로 지정되어 보호받고 있어. 다른 궁금한 점 없으면 다음 장에서는 물고기들과 상어에 대해 알아보자.

# 물고기와 상어

물고기 (어류)

바이오피어 물고기도 잠을 자나?

바이오캔 물론이야. 눈을 뜨고 있어서 잠을 자지 않을 거로 생각할 수 있지. 하지만 그건 대부분 물고기에게 눈꺼풀이 없어서일 뿐 분명히 잠을 자. 잠자는 시간과 잠자는 모습은 물고기마다 달라. 밤에 자는 물고기로는 송어, 잉어, 망둥이 등이 있고, 낮에 자는 물고기로는 광어, 가자미 등이 있어. 강에 사는 민물고기들은 모래나 바위 틈새에 몸을 숨기고 자지만 큰 바다에 사는 물고기들은 무리를 지어 끊임없이 움직이므로 헤엄을 치면서 잠깐씩 잠을 자.

바이오큐브 그럼 눈꺼풀이 있는 물고기도 있어?

바이오캔	복어는 눈꺼풀이 있어. 복어는 눈을 감고 뜨는 데 10초 정도 걸리거든. 그러니까 유심히 보지 않으면 눈을 깜빡이는지 모를 거야.
바이오피어	물고기는 귀가 없어 소리를 못 듣겠군.
바이오캔	아니. 물고기도 귀가 있어. 다만 머리뼈 속에 속귀가 있어서 눈에 안 보이는 거지.
바이오피어	물고기는 소리를 귀로만 듣나?
바이오캔	소리는 공기에서보다 물에서 더 빨리 전달되지. 그런데 물고기는 귀뿐 아니라 부레와 물고기의 옆면에 나 있는

옆줄로 소리를 들어. 부레 근처에는 베버 기관이라는 게 있는데, 이것을 통해 소리가 속귀로 전달돼. 또한 옆줄로 물을 통한 소리의 진동을 느끼지.

바이오피어 사람은 바닷물을 마시지도 못하는데, 물고기는 어떻게 짠 바닷물 속에서 살 수 있지?

바이오캔 사람이 바닷물을 마실 수 없는 건 알다시피 소금의 양이 많아 너무 짜기 때문이지. 무엇보다 바닷물 속 염분이 몸 속에 흡수되면 동시에 수분이 빠져나가게 되어 결국 죽음에 이르게 되기 때문이지.

바이오피어 물고기는 달라?

바이오캔 물고기는 아가미로 염분의 농도를 조절할 수 있어. 그래서 바닷물 속의 소금을 걸러내고 물만 흡수하니까 짠 바

물고기의 아가미는 바닷물 속의 소금을 걸러내 바다에서 물고기들이 살 수 있게 해.

아가미

닷물 속에서 물고기가 살 수 있는 거지. 그리고 아가미는 사람의 폐와 같은 기능을 해. 그래서 물에 녹은 산소를 체내로 들여보내고 체내에서 만들어진 이산화탄소를 몸 밖으로 배출하는 역할을 하고 있지.

바이오피어 물고기는 왜 비늘이 있지?

바이오캔 물고기의 몸이 너무 부드러워서 몸을 보호하기 위해 비늘이 있는 거지. 이 비늘은 피부의 일부가 변한 것으로 형태가 일정해. 하지만 비늘이 가시 모양인 물고기도 있어.

바이오피어 그게 뭐지?

바이오캔 가시복이야.

바이오큐브 비늘이 없는 물고기도 있나?

바이오캔 물론. 메기나 칠성장어는 비늘이 없고 뱀장어와 미꾸라지도 비늘이 거의 보이지 않을 정도야.

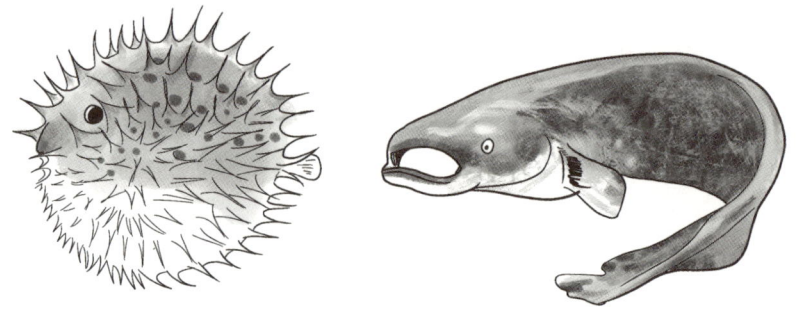

가시복   메기

바이오피어   전기를 띠는 물고기도 있다는데, 그게 사실이야?

바이오캔   물론이야. 아프리카에 있는 전기메기는 약 350V 정도의 전기를 발생시킬 수 있고 아마존강에 사는 전기뱀장어는 약 600V 정도의 전기를 발생시킬 수 있지. 전기뱀장어는 남아메리카의 강에 사는 물고기로 큰 것은 길이가 2.7미터, 몸무게가 22킬로그램이나 돼. 전기뱀장어는 아주 센 전기를 발생시켜 적을 물리치거나 작은 동물을 기절시켜 잡아먹어. 전기뱀장어는 몸의 양쪽에 세 쌍의 발전기관을 가지고 있어. 이 발전기관에서 전기를 방전시킬 수 있는데, 사람도 목숨을 잃을 정도라고 해.

바이오피어   우와! 무시무시하군.

바이오캔 수컷이 암컷으로 변하는 물고기도 있어.

바이오큐브 그게 뭐지?

바이오캔 감성돔이라는 물고기는 어린 고기일 때는 모두 수컷뿐이야. 그런데 어느 정도 자라면 무리의 절반 이상이 암컷으로 변해. 또한 관상용 열대어인 소드테일이라는 물고기는 반대로 어린 고기일 때는 모두 암컷이었다가 자라면서 일부는 수컷으로 바뀌지. 어떤 열대어는 이런 성전환을 여러 차례 하는 것도 있어.

상어

바이오캔 이번에는 상어 이야기.

바이오피어 상어를 살아있는 화석이라고 부르던데 그 이유는 뭐지?

바이오캔 상어는 고생대부터 존재해 온 살아있는 화석 중 하나로 신체 구조도 크게 변하지 않았거든. 상어는 종류가 다양해. 몸길이가 16센티미터에 불과해 애완용으로도 키울 수 있는 소형 상어도 있고, 수 미터 크기의 대형 상어도 있어. 특히 주둥이 앞부분이 넓찍하고 길어 입이 마치 톱처럼 생긴 톱상어, 머리 양쪽이 망치처럼 튀어나온 귀상어, 코가 길게 튀어나온 마귀상어 등은 독특한 생김새로 유명하지. 귀상어는 생김새 때문에 망치상어라고도 해. 그리고 상어 중에서 덩치가 가장 큰 고래상어도 있지.

톱상어   귀상어

마귀상어   고래상어

고래상어는 어미의 몸길이는 보통 12미터 내외이며, 최대 18미터까지 자라는 것으로 알려졌어. 몸무게는 15~20톤에 달하지. 고래상어의 몸은 굵고 길며, 머리는 크고 조금 납작해. 입은 주둥이 끝과 거의 맞닿아 있고, 코에는 수염의 흔적이 보여. 고래상어는 숨을 쉴 때 물이나 공기가 드나드는 구멍인 분수공이 있고 눈에는 눈꺼풀이 없어. 아가미구멍은 크고, 안쪽에 스펀지처럼 생긴 막이 있어 물과 함께 입으로 들어온 먹이를 여과시키지. 몸 빛깔은 등 쪽은 회색 또는 푸른색이거나 갈색이고 배쪽은 흰색이야. 보통 먼바다에서 단독 또는 여러 마리씩 무리를 지어 생활하고 먹이는 주로 갑각류·오징어·플랑크톤 등이야.

바이오큐브 고래처럼 커서 고래상어군.

바이오캔 맞아.

바이오큐브 상어는 어떻게 전기를 감지할 수 있는 거지?

바이오캔 상어는 로렌치니 기관이라는 전기를 감지하는 기관이 있어서 주변에 흐르는 미세한 전류를 감지할 수 있어. 약한 전류에는 공격성을 유지하지만 툰에서의 건전지와 같은 센 전기를 감지하면 접근하지 않아.

바이오큐브 상어는 만나지 않는 게 좋겠군.

바이오캔 그래. 그게 정답일지도. 다음 장에서는 다양한 바닷속 생물과 뱀과 같은 파충류, 물과 땅에서 어디서든 살 수 있는 양서류에 대해 알아보자.

5. 연체동물, 절지동물 그리고 양서류와 파충류

게

바이오캔   바닷속에는 어류뿐만 아니라 게와 같은 절지동물이나 문어같은 연체동물 등도 살아. 먼저 게에 대해서 알아볼까?

바이오큐브   파도가 지나가고 나서 모래사장을 보면 작은 구멍이 엄청 많이 생기잖아? 거기에 게가 있다고 하던데…….

바이오캔   맞아. 구멍 옆을 자세히 보면 작은 모래알갱이를 볼 수 있는데 그건 게가 구멍 속 집을 넓히면서 만들어진 거지.

바이오큐브   게는 왜 거품을 내지?

바이오캔   게는 아가미를 통해 숨을 쉬어. 즉 물속에서 물을 빨아들여 그중에서 몸에 필요한 산소를 얻고 불필요한 이산화탄소와 물은 조그만 숨구멍으로 뱉어내지. 땅 위로 올라오면

아가미로 흘러 들어갈 물이 없잖아? 그래서 아가미로 물 대신 공기가 들어가는데, 이때 공기와 아가미에 남아있던 물이 섞여 숨구멍으로 나오면서 거품이 만들어지는 거야.

바이오피어 바다나 강에 살지 않는 게도 있어?

바이오캔 뭍게라고 하는데, 인도양과 태평양 연안에 살지. 뭍게는 땅에서 살기 때문에 항상 눈을 닦아. 뭍게가 눈을 닦는 방법은 입에서 거품을 뿜어 집게발에 묻힌 후 눈을 번갈아 가면서 닦아주는 거야. 마치 자동차의 와이퍼로 유리창을 닦듯이 말이야.

바이오피어 왜 눈 청소를 하는 거지?

바이오캔 게의 몸은 단단한 껍질이 감싸고 있지만 눈은 점막으로 이루어져 있어서 예민하고 약한 부분이라 항상 청소해야 하거든.

문어

바이오큐브 문어는 왜 먹물을 뿜지?

바이오캔 적에게 공격을 받았을 때 자신을 방어하기 위해서야. 먹물을 뿜으면 적의 시야가 가려져서 문어가 도망갈 수 있으니까.

바이오큐브 문어는 어떻게 알을 낳지?

바이오캔 문어는 해조에 꽃송이처럼 알을 낳아.

바이오피어 문어나 새우를 삶으면 왜 색이 빨갛게 변하지?

바이오캔 문어가 살아 있을 때는 몸속의 단백질과 색소가 결합해 환경의 변화에 따라 색을 바꿀 수 있지만 죽고 나면 이 결합이 깨져 원래의 색인 붉은 색이 되는 거야.

바이오피어 그렇군.

양서류

바이오캔 양서류에 대한 이야기를 해볼까?

바이오큐브 양서류가 뭐지?

바이오캔 개구리처럼 어릴 때는 물속에서 살다가 자라면 땅위로 올라와 사는 것을 양서류라고 불러. 양서류의 특징은 다음과 같아.

> 1. 물과 땅 양쪽에서 산다.
> 2. 양서류는 폐만으로 호흡이 완전하지 않아 피부로도 호흡한다.
> 3. 체온이 일정하지 않은 변온동물이며 겨울에는 겨울잠을 잔다.

바이오큐브 양서류에는 어떤 게 있지?

바이오캔 개구리, 두꺼비, 맹꽁이, 도롱뇽 등이지.

바이오피어 양서류의 몸의 특징은 뭐야?

바이오캔 양서류는 머리, 몸통, 다리의 세 부분으로 되어 있고 피부에는 털이나 비늘이 없어. 그리고 피부호흡을 하는데 필요한 점액샘이 발달해 있어 피부가 항상 축축하고 미끈미끈해. 또 피부에는 색소세포가 있어서 청개구리처럼 몸 색깔을 바꾸어 적으로부터 몸을 보호하지. 양서류 중에서 가장 많은 것이 개구리야. 개구리는 추운 지방을 제외한 전 세계에서 살고, 3,000종 정도가 있지. 개구리는 물속에 알을 낳는 데 알은 젤리같이 생긴 막에 싸여 있지. 이 알에는 껍데기가 없어 수분이 없으면 곧 말라버려.

바이오큐브 개구리알을 땅으로 가져오면 안 되겠군.

바이오캔 물론.

바이오피어 개구리는 어떻게 숨을 쉬어?

바이오캔 개구리는 올챙이 때는 아가미로 호흡하고 개구리가 되면 폐로 호흡을 해. 그런데 개구리의 폐는 기능이 그리 좋은 편이 아니야. 그래서 다른 동물들처럼 폐를 부풀려 공기를 빨아들이는 게 신통치 않기 때문에 목을 부풀리기도 하고 움츠리기도 하면서 공기를 폐로 보내지.

바이오피어 폐 말고 다른 기관으로도 호흡해?

바이오캔 물론. 피부로도 숨을 쉬어.

바이오큐브 개구리의 몸은 왜 항상 물에 젖어 있지?

바이오캔 그래야만 공기 중의 산소를 피부로 받아들이기가 더 쉬워서 그래.

바이오큐브 개구리는 왜 비오는 날 우는 거지?

바이오캔 비오는 날이 맑은 날 보다는 숨쉬기가 좋으니까 너무 좋아서 우는 거야.

바이오피어 겨울잠을 잘 때 개구리는 어떻게 숨을 쉬지?

바이오캔 개구리는 땅속 작은 구멍에서 겨울잠을 자. 겨울잠을 자는 동안에는 몸의 대사활동이 아주 느려져 적은 양의 산소가 필요한데, 구멍 속 적은 양의 공기만으로도 충분하지. 하지만 두꺼비는 좀 달라. 구멍 속 공기만으로는 부족해서 초봄에 밖으로 올라왔다가 다시 들어가서 잠을 자.

파충류

바이오큐브 파충류가 뭐지?

바이오캔 파충류는 척추동물로 양서류처럼 알을 낳아 번식해. 파충류는 다른 척추동물에 비해 다리가 발달하지 않았어. 뱀처럼 발이 없는 것도 있지. 파충류는 튼튼한 비늘로 몸이 덮여 있어 물이 없는 건조한 곳에서도 살 수 있어. 그리고 스스로 체온을 조절할 수 있는 변온동물이야.

바이오피어 파충류에는 어떤 게 있지?

바이오캔 거북이, 남생이, 자라, 도마뱀, 카멜레온, 이구아나, 뱀, 악어 등이 있지.

바이오피어 파충류도 아가미가 있나?

바이오캔 아니야. 모두 폐로 호흡해.

바이오큐브 파충류는 육식성인가? 초식성인가?

바이오캔 대부분 육식성이야. 특히 뱀 종류는 먹이를 통째로 삼키기 때문에 위가 발달되어 있고 창자가 길지.

바이오피어 뱀은 왜 혀를 날름거리지?

바이오캔 공기 중에 퍼져 있는 냄새를 맡기 위해서야. 뱀의 입에는 냄새를 맡는 야콥슨 기관이 있는데, 혀로 이 기관에 공기를 넣어 냄새를 맡아. 뱀은 시력이 안 좋고 청각도 안 좋아서 냄새로 먹이를 찾지.

바이오큐브	귀가 없어서 그런가? 뱀은 소리를 아예 못 들어?
바이오캔	그렇지 않아. 뱀에게도 귀의 역할을 하는 기관이 턱 가까이에 있거든. 뱀은 지면을 통해 생기는 진동이 턱뼈를 통해 턱에 전달되어 소리를 듣지.
바이오피어	뱀은 머리부터 하나의 몸통으로 이루어져 있잖아. 그러면 꼬리는 어디서부터야?
바이오캔	항문부터를 꼬리라고 해. 항문은 배와 꼬리 사이에 있어. 배는 비늘이 한 장이고 꼬리는 비늘이 두 장이니까 항문은 쉽게 찾을 수 있을 거야.
바이오큐브	뱀은 사냥감을 물고 있을 때 어디로 숨을 쉬지?
바이오캔	숨을 쉬는 관이 아래턱 쪽에 있어서 먹이를 물어도 숨을 쉬는 데는 지장이 없어.
바이오피어	뱀은 어떻게 자기보다 큰 먹이를 먹을 수 있지?
바이오캔	뱀은 턱관절이 자유자재로 움직여서 쉽게 빠지고 원상태로 돌아가기도 쉬워. 그래서 뱀은 큰 먹이를 통째로 삼켜 배 속에서 천천히 소화를 시키는 거야.
바이오큐브	방울뱀은 어떻게 소리를 내지?
바이오캔	꼬리 끝에 고리처럼 생긴 것이 붙어 있어. 방울뱀은 이것을 흔들어서 소리를 내지. 방울뱀이 꼬리를 흔드는 소리는 약 20미터 정도 떨어진 곳에서도 들릴 정도로 커. 방울뱀 중에서 가장 큰 것은 미국의 플로리다주에 사는 동부다이

아몬드방울뱀인데, 몸길이가 1.8미터에서 2.4미터나 돼.

바이오피어 모든 뱀이 독이 있나?

바이오캔 그건 아니야. 독이 있는 뱀들을 독사라고 부르지. 뱀의 종류는 2,500여 종이고 이 중 600여 종만이 독을 가지고 있어. 그중에서 사람을 죽일 정도로 강한 독을 가지고 있는 것은 150여 종뿐이야. 뱀의 이빨은 입 안에 접혀 있다가 동물을 무는 순간 튀어나와. 이빨은 속이 빈 바늘처럼 생겼는데, 무는 순간 독이 나와 다른 동물의 피부로 들어가지.

바이오큐브 뱀 중에서 움직임이 가장 빠른 건 뭐야?

바이오캔 사하라 사막에 사는 검은맘바라는 뱀인데, 이들은 말처럼 빠르게 움직여.

바이오피어 뱀은 모두 알을 낳나?

바이오캔 대부분 뱀은 알을 낳지만, 살모사와 바다뱀처럼 새끼를 낳는 뱀들도 있어.

바이오큐브 세계에서 제일 큰 독사는 뭐지?

바이오캔 인도에 사는 킹코브라야. 몸길이가 5미터 정도로 크지. 킹코브라 역시 독을 가진 뱀인데, 코끼리를 죽일 수 있을 정도로 강해.

바이오피어 독사끼리 서로 물면 둘 다 죽나?

바이오캔 꼭 그렇지는 않아. 살모사는 살모사에게 물려도 안 죽어. 면역이 되어 있기 때문이지. 서로 싸우다 물리면 조금 쩔쩔맬 뿐 죽지는 않아. 하지만 코브라는 코브라끼리 싸우다가 물리면 바로 죽어. 그건 코브라의 독이 신경독이기 때문이야. 신경독에 감염되면 신경조직이 파괴되면서 호흡곤란을 일으켜 죽게 되거든. 아주 무서운 독이지. 코브라는 주로 인도에 많이 살고 말레이시아, 필리핀, 대만 등지에 살아.

바이오피어   도마뱀은 왜 꼬리를 자르는 거지?

바이오캔   도마뱀의 꼬리는 아주 잘리기 쉽거든. 그래서 적에게 공격을 당하면 꼬리를 자르고 도망치지. 그리고 잘린 꼬리는 수개월 안에 다시 자라. 하지만 다시 자란 꼬리는 색깔과 모양이 원래의 꼬리와 달라.

바이오큐브   도마뱀도 독이 있나?

바이오캔   도마뱀의 종류는 전 세계에 2,500종이야. 그런데 독이 있는 건 단 두 종류뿐이야. 북아메리카 사막에 사는 아메리카독도마뱀 Gila monster 와 멕시코독도마뱀 beaded lizard, 이렇게 두 종류만이 독을 가지고 있지.

바이오큐브 또 어떤 파충류가 있지?

바이오캔 카멜레온이라고 들어봤어?

바이오큐브 색깔 변하는 동물?

바이오캔 맞아. 몸의 색깔이 주위 환경에 따라 변하지. 카멜레온의 발가락은 앞발에 2개, 뒷발에 3개로 나뭇가지를 단단하게 잡을 수 있어. 그리고 양쪽 눈을 따로 움직일 수 있고, 먹이를 발견하면 몸길이보다 긴 혀를 재빠르게 내뻗어 잡아먹지.

바이오큐브 카멜레온을 반려동물로 키우는 사람을 본 적이 있어.

바이오캔 맞아. 반려동물로 키우는 이구아나라는 파충류도 있어. 이구아나는 아주 빠르게 달리는데 물속에서는 네 다리를 옆구리에 붙이고 꼬리로 헤엄치지. 이구아나는 주로 새싹이나 열매, 꽃, 작은 벌레를 먹고 살아.

바이오큐브 포유류, 조류, 어류, 양서류, 파충류 등등 동물의 종류가 정말 많구나.

바이오캔 어떤 생김새인지, 새끼를 낳는지, 알을 낳는지, 어디에서 사는지에 따라 많은 종류의 동물들이 있지. 이제 다음 장에서는 동물만큼이나 많은 식물에 대해 알아보자.

식물

바이오캔 식물도 동물과 마찬가지로 살아있는 생명체야.

바이오큐브 하지만 식물은 못 움직이잖아?

바이오캔 그게 식물과 동물의 가장 큰 차이지. 자, 그러면 이제 식물에 대해 공부해 볼까? 먼저 식물은 크게 겉씨식물과 속씨식물로 나눌 수 있어.

바이오큐브 어떤 차이가 있지?

바이오캔 겉씨식물은 씨앗이 꽃 바깥에 있고 속씨식물은 씨앗이 꽃의 씨방 안에 있어. 정원에서 키우는 대부분 식물은 속씨식물이야. 식물의 몸은 꽃, 잎, 줄기, 뿌리로 되어 있고 각각의 기능이 서로 달라.

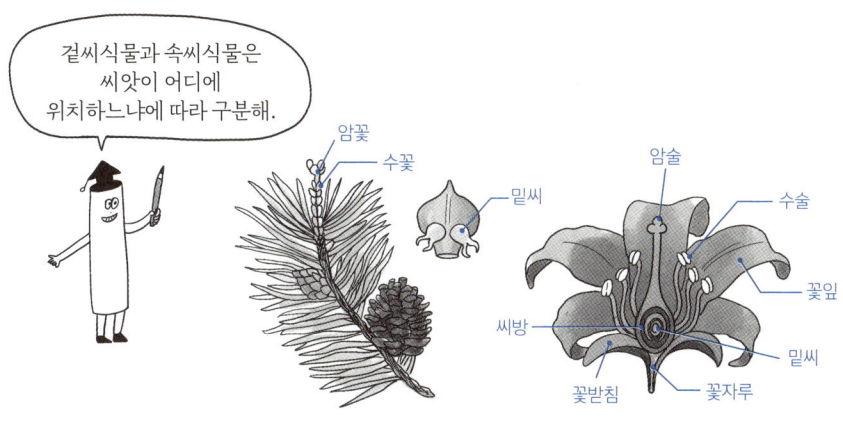

바이오피어　어떻게 다르지?

바이오캔　우선 잎의 기능을 먼저 살펴보자. 잎은 다음과 같이 세 가지 일을 해.

> 1. 호흡 작용
> 2. 광합성 작용
> 3. 증산 작용

바이오피어　무슨 말인지 모르겠어.

바이오캔　그러면 먼저 호흡 작용에 대해 설명할게. 식물도 동물처럼 숨을 쉬어.

바이오피어　어디로 쉬어? 식물은 입이나 코가 없잖아?

바이오캔 잎에 있는 숨구멍을 통해 이산화탄소를 마시고 산소를 내보내는 것을 식물의 호흡이라고 해.

바이오큐브 식물은 못 움직이잖아? 그러면 어떻게 먹이를 먹지?

바이오캔 식물과 동물의 또 다른 차이가 바로 그거야. 동물은 스스로 영양분을 만들지 못해 먹이를 먹어야 하지만 식물은 몸속에서 스스로 영양분을 만들어내거든. 식물은 햇빛으로부터 스스로 영양분을 만드는데, 이것을 광합성이라고 해. 광합성은 식물의 잎 속에 있는 엽록체에서 일어나는데 잎의 숨구멍을 통해 들어온 이산화탄소와 뿌리를 통해 빨아올린 물을 섞고 여기에 빛을 받으면 영양분이 만들어져.

바이오큐브	엽록체가 먹이 만드는 공장이군.
바이오캔	그런 셈이지. 이번에는 세 번째 기능인 증산 작용에 대해 설명해 줄게. 식물은 뿌리로부터 물을 빨아들이는데, 이렇게 들어온 물이 잎의 숨구멍을 통해 수증기가 되어 빠져나가거든. 이것을 증산 작용이라고 불러. 식물은 이 기능을 통해 식물 속의 물의 양과 체온을 일정하게 유지하지.
바이오큐브	그러니까 증산 작용은 오줌을 누는 것과 비슷한 거군.
바이오캔	맞아.
바이오피어	식물에게 잎은 엄청 중요한 거네.
바이오캔	그리고 환경에 따라 잎이 이상한 모양으로 변해버린 식물도 있어.
바이오피어	어떤 거지?
바이오캔	호박이나 완두의 덩굴손은 잎이 변해서 된 거야. 물속에 사는 생이가래의 잎은 뿌리처럼 변한 거고 벌레를 잡아먹는 파리지옥의 잎은 집게 모양으로 되어 있어 벌레를 쉽게 잡을 수 있어.

사막에서 자라는 선인장은 물이 증발되는 것을 막기 위해 잎이 가시로 변했지.

바이오큐브 가을이 되면 왜 나뭇잎의 색깔이 변하는 거지?

바이오캔 아하!! 단풍이 드는 거 말이지? 가을에는 나뭇잎이 녹색을 띠지 않고 붉은색이나 노란색을 띠는데, 이것을 단풍이 든다고 말해. 식물의 잎에는 녹색을 띠게 하는 엽록소 말고도 카로틴이나 크산토필 같은 색소가 들어 있어. 카로틴은 붉은색을 띠고 크산토필은 노란색을 띠지. 이들 색소는 잎이 왕성하게 일을 하는 여름에는 많은 양의 엽록소에 가려져 눈에 띄지 않다가 가을이 되어 엽록소가 사라지면 이들 색소가 눈에 띄게 되지.

바이오큐브 1등이 없어지니까 2등이 왕이 되는군.

바이오피어 식물도 운동을 하나?

바이오캔 물론이야. 동물처럼 걸어 다닐 수는 없지만 약간의 운동을 해.

바이오피어 어떤 운동?

바이오캔 예를 들어 감자 싹은 빛이 오는 방향으로 자라고 식물의 뿌리는 물기가 많은 쪽으로 구부러지지. 또 땅으로 나온 봉선화의 뿌리가 다시 땅 방향으로 구부러지는 등 이런 것들이 식물의 운동이야.

바이오피어 식물의 줄기에 관해 설명해줘.

바이오캔 식물의 줄기에는 두 종류의 관이 있는데 이 부분을 관다발이라고 불러.

바이오큐브 어떤 관이지?

바이오캔 하나는 물관인데 뿌리가 흡수한 물을 위로 올려주는 역할을 하지. 물관은 관다발의 안쪽에 있어. 또 하나는 체관인데 잎에서 만들어진 영양분을 식물의 몸의 구석구석으로 보내는 역할을 하지. 체관은 관다발의 바깥쪽에 있어.

바이오큐브 그러니까 물관은 물이 위로 올라가는 엘리베이터이고 체관은 영양분이 아래로 내려가는 엘리베이터이군.

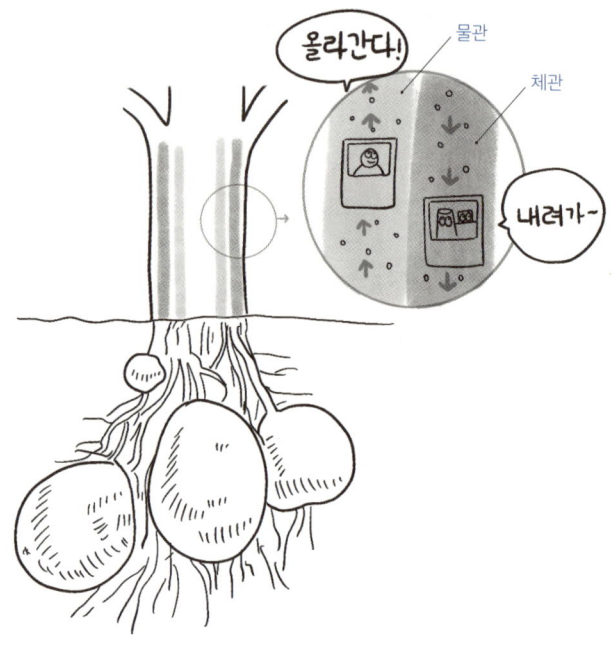

바이오캔   좋은 표현이야. 특이한 모양의 줄기를 가진 식물들도 있어. 딸기는 줄기가 땅을 기어가고, 감자는 줄기에 양분을 저장해. 탱자나무는 줄기가 가시로 변했고, 호박은 줄기가 덩굴손으로 변해 감아 올라가. 선인장은 줄기가 넓어져 잎처럼 보이지.

바이오피어   식물은 잎도, 줄기도 기후 환경에 영향을 많이 받는구나.

바이오캔   이번에는 뿌리에 관해 얘기해 보자. 식물의 뿌리는 땅으로부터 물을 흡수하는 역할을 해. 뿌리에서 흡수된 물은 줄기의 물관을 통해 잎으로 올라가고.

바이오큐브   뿌리는 어떻게 땅속을 뚫지?

바이오캔   간단해. 뿌리의 끝에는 생장점이 있는데 이 속에는 뿌리를 자라게 하는 성장호르몬이 들어 있어. 또 생장점을 보호하는 뿌리골무가 있고. 이 뿌리골무가 땅을 뚫는 역할을 해.

바이오피어   뿌리는 어떻게 물을 빨아들이지?

바이오캔   물은 농도가 낮은 쪽에서 농도가 짙은 쪽으로 흘러 들어가는 경향이 있어. 뿌리 속의 물의 농도는 높고, 흙 속의 물의 농도는 낮으니까 흙 속의 물이 뿌리로 들어가게 돼.

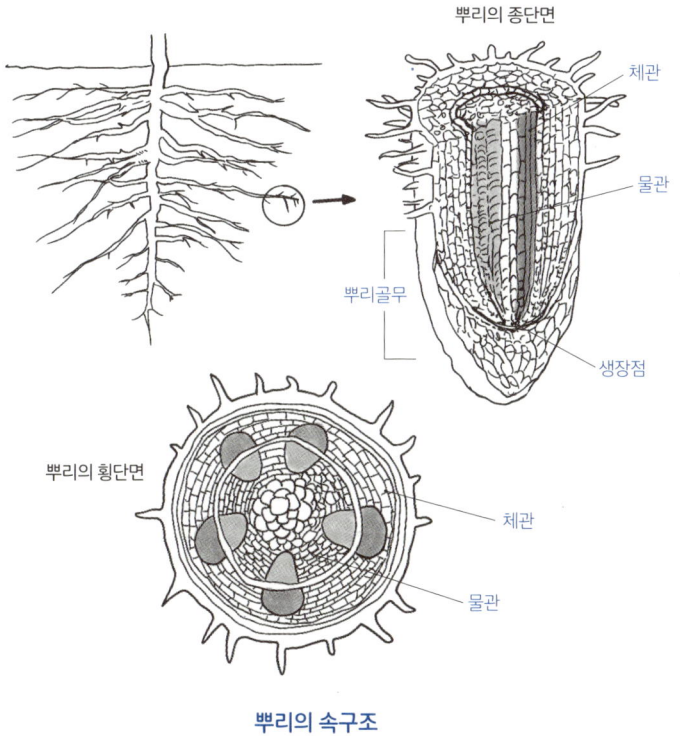

뿌리의 속구조

바이오큐브 그렇군.

바이오캔 뿌리가 특이한 모양으로 변한 식물도 있어. 옥수수는 뿌리가 땅 위로 나와 몸을 지탱하지. 그리고 겨우살이는 다른 식물에 뿌리를 내리고 살아.

바이오캔 이번에는 꽃이 어떻게 씨앗을 만드는지 알아볼까? 먼저, 수분이 뭔지 알아?

바이오큐브 물기를 말하나?

바이오캔 그게 아니고…… 음, 수술의 꽃가루가 암술머리에 옮겨지는 것을 수분이라고 해.

바이오큐브 식물은 손이 없는데, 어떻게 옮기지?

바이오캔 다른 도움을 받아야지. 수분의 방법은 여러 가지야. 대부분 꽃이 피는 식물은 곤충에 의해 수분이 이루어져. 소나무나 보리는 바람에 의해 수분이 이루어지지. 그밖에 나사말, 검정말, 큰마디말, 붕어마름과 같이 물속 식물들은 물에 의해 수분이 이루어져.

바이오큐브 수분이 이루어지면 씨앗이 생기나?

바이오캔 씨앗이 생기는 것을 수정이라고 불러. 암술머리에 날아온 꽃가루가 꽃가루관을 통해 씨방 속의 밑씨와 결합하는 것이 수정이지. 수정 후 밑씨는 자라서 씨앗이 되고 씨방은 열매가 되는 거야. 갖추지 않은 꽃으로 나눌 수 있어. 갖춘 꽃은 한 송이의 꽃이 암술, 수술, 꽃잎, 꽃받침을 모두 가지고 있는 꽃을 말하고, 안 갖춘 꽃은 암술, 수술, 꽃잎, 꽃받침 중 적어도 하나 이상이 없는 꽃을 말해. 꽃

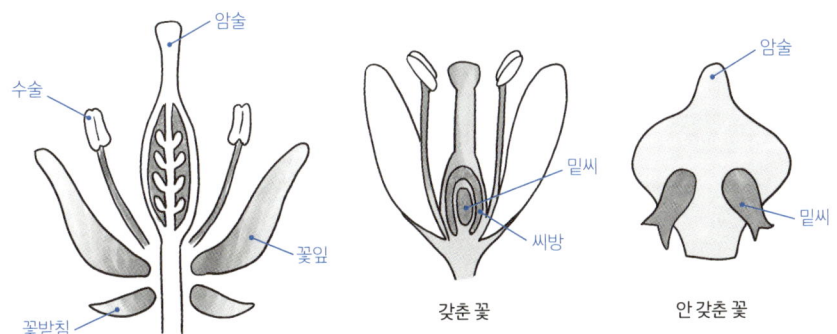

꽃의 구조

잎의 모양에 따라 꽃은 통꽃과 갈래꽃으로 나눌 수도 있어. 통꽃은 꽃잎이 모두 붙어 있는 꽃을 말하는데 도라지 같은 꽃이지. 그리고 갈래꽃은 꽃잎이 떨어져 있는 꽃인데 민들레나 매화 같은 꽃이야.

바이오피어   꽃은 왜 색깔이 다르지?

바이오캔   꽃의 색깔이 여러 가지인 것은 꽃 속의 색소가 다르기 때문이야. 장미와 같은 빨간 꽃은 안토시안이라는 색소를 가지고 있고, 개나리 같은 노란 꽃이나 주황 꽃은 카로티노이드라는 색소를 가지고 있어.

바이오피어   그렇군.

바이오캔   자! 이번에는 씨앗에 대해 얘기해 볼까? 씨앗의 크기는 식물에 따라 달라. 식물의 씨앗은 바깥쪽은 겉껍질로 싸여 있고 그 속에는 배젖이 있고 배젖 속에 배가 있어. 배는 떡잎, 어린줄기, 어린뿌리로 이루어져 있지. 배젖이 있는 씨앗은 배가 사용할 양분을 배젖에 저장해. 우리가 주로 먹는 벼, 감, 옥수수, 보리 등은 바로 씨앗의 배젖 부분이야.

바이오큐브 모든 씨앗이 배젖을 가지고 있나?

바이오캔 꼭 그렇지는 않아. 어떤 씨앗은 배젖이 없기도 해. 우리가 흔히 보는 강낭콩의 씨앗에는 배젖이 없어. 배젖이 없는 강낭콩은 양분을 떡잎에 저장하지. 이처럼 배젖이 없는 씨앗의 떡잎은 살이 많고 두툼해. 우리가 먹는 강낭콩이나 팥은 바로 씨앗의 떡잎인 셈이야.

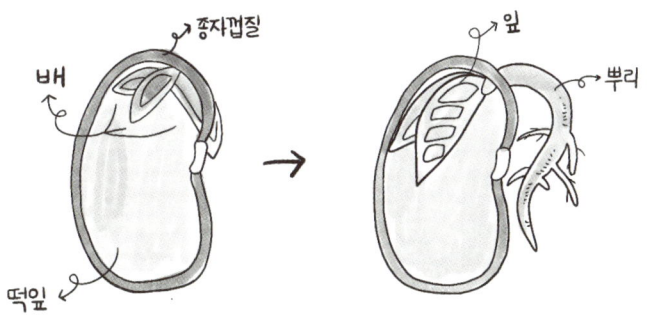

바이오큐브 씨앗이 싹트기 위해서 필요한 게 있어?

바이오캔 물론이야. 씨앗이 싹트기 위해서는 공기와 물이 있어야 해.

바이오큐브 싹이 어떻게 트는데?

바이오캔   씨앗은 다음과 같은 순서로 싹을 틔워.

> 1. 씨앗 속에서 뿌리가 나온다.
> 2. 뿌리가 땅속으로 자란다.
> 3. 떡잎이 씨앗의 껍질 안쪽에서 나온다.
> 4. 떡잎은 땅 위로 솟아난다.

바이오큐브   씨앗은 어떻게 퍼지지?

바이오캔   씨앗이 퍼지는 것을 번식이라고 하는데 씨앗에 따라 조금씩 달라. 크게 세 가지 종류로 나눌 수 있어. 우선 단풍나무, 소나무, 민들레, 씀바귀 등의 씨앗은 바람에 날려 퍼져. 이런 씨앗들은 씨앗에 날개와 털이 있어 낙하산처럼 잘 날 수 있지. 민들레 씨앗을 입으로 불어본 적 있지? 또 다른 방법으로 나팔꽃, 봉선화(봉숭아), 괭이밥, 산등나무 등의 씨앗은 터뜨리면서 흩어지지. 그리고 도깨비바늘, 도꼬마리, 도둑놈의 갈고리 등의 씨앗은 동물의 털이나 사람의 옷에 붙어서 퍼지기도 해.

바이오큐브   그렇군.

바이오캔   어때, 움직일 수 없는 식물이지만 동물과 마찬가지로 살아

있는 생명체라는 거 잘 알겠지? 다음 장에서는 우리와 가장 가까이 있어 쉽게 찾아볼 수 있는 곤충에 대해서 자세하게 알아보자고.

7 곤충

바이오캔 곤충의 몸은 머리, 가슴, 배의 세 부분으로 이루어져 있고 머리에는 두 개의 더듬이가 있고 가슴에는 세 쌍의 다리가 있어.

바이오큐브 그럼 날개는?

바이오캔 날개는 있어도 되고 없어도 돼. 벌은 날개가 있지만 개미는 날개가 없잖아.

바이오큐브 그렇군.

바이오캔 곤충은 자라는 동안 몸의 형태가 변하지. 또, 여러 곤충의 몸에는 뼈가 없어. 대신 큐티클이라는 딱딱한 물질이 외부 골격을 이루고 있지.

바이오큐브 딱딱한 외부 골격을 가지고 있는데 어떻게 곤충들은 마음대로 몸을 굽히고 펼 수 있지?

바이오캔 그건 곤충들이 여러 개의 마디로 이루어져 있기 때문이야. 이것이 뼈가 있는 동물의 관절과 같은 역할을 하지. 이번에는 여러 곤충의 입에 대해 알아보자. 곤충의 입은 윗입술, 아랫입술, 큰턱, 작은턱 등으로 이루어져 있어. 그리고 어떤 먹이를 먹느냐에 따라 큰턱의 모양이 달라.

바이오피어 어떻게 다르지?

바이오캔 풀을 먹는 곤충은 큰턱이 절구 모양으로 생겼고, 고기를 먹는 곤충은 큰턱의 끝이 뾰족해. 그리고 나무껍질을 갉아 먹는 곤충의 큰턱은 날카롭고 튼튼하게 생겼어. 또 먹이를 핥아먹는 곤충은 큰턱을 사용할 필요가 없어서 턱이 퇴화하여 안 보이기도 하고.

바이오피어 곤충의 입도 먹이에 따라 달라?

바이오캔 곤충이 무엇을 먹고사는가에 따라 달라. 크게 나누어 곤충의 입은 네 종류로 나눌 수 있어. 깨무는 입, 빠는 입, 찌르는 입, 핥는 입이 그것이야.

바이오피어 어떤 곤충이 깨무는 입을 가지고 있지?

바이오캔 메뚜기가 대표적으로 깨무는 입을 가지고 있어. 메뚜기는 먹이를 앞다리로 누르고 작은턱으로 돌려가면서 큰턱으로 물어뜯어 먹이를 먹지.

바이오큐브 그럼 빠는 입을 가진 곤충은 뭐지?

바이오캔 나비가 대표적이야. 나비의 입은 평소에는 돌돌 말려 있

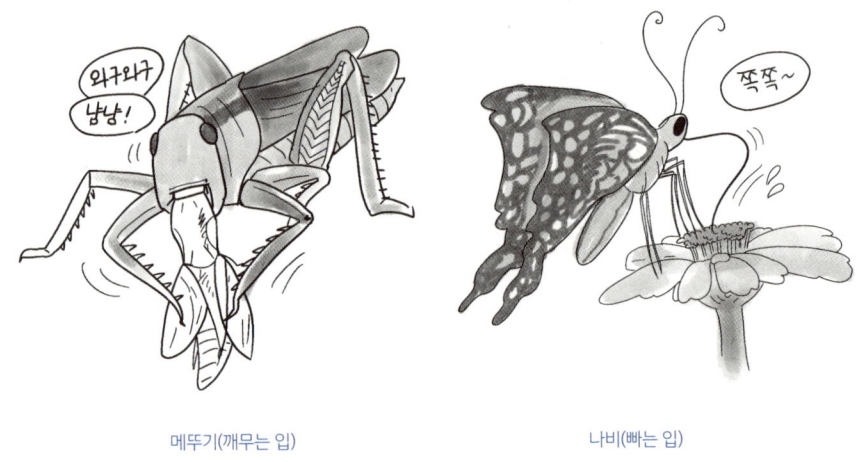

곤충의 입

바이오피어	다가 먹이를 발견하면 빨대처럼 쫙 펴서 빨아 먹지.
바이오피어	그럼 찌르는 입을 가진 곤충은 뭐지?
바이오캔	매미가 대표적이야. 매미는 뾰족한 입을 나무에 찌르고 진을 빨아 먹거든.
바이오큐브	핥는 입을 가진 대표적인 곤충은 뭐지?
바이오캔	파리야. 파리는 입 끝이 스펀지처럼 되어 있어서 그것으로 먹이를 핥아먹어. 그리고 파리가 딱딱한 먹이를 먹을 때는 우선 먹이에 침을 떨어뜨려 먹이를 녹인 후 핥아먹지.
바이오캔	대표적인 곤충들을 좀 더 자세히 알아보자. 먼저 매미에 대해 알아볼까?
바이오피어	매미는 며칠 못 산다고 하던데, 사실이야?
바이오캔	맞아. 매미는 기껏해야 20일 정도 살 수 있어. 암매미는 이 기간에 알을 낳아 놓고 죽어. 알은 다음 해 여름에 부화해 개미처럼 생긴 조그만 벌레가 되어 땅바닥에 떨어지지. 그리고 땅속에 구멍을 파고 그 속으로 들어가 나무 뿌리의 즙을 먹고 살아. 이렇게 10년에서 15년 동안 땅속에 살면서 새끼매미는 점점 커지고 마침내 땅속에서 기어나와 어미 매미가 되는 거야.
바이오피어	우와……, 그러니까 20일 정도 바깥세상을 보기 위해 10년 이상을 땅속에서 사는 거네. 그런데 매미는 왜 우는 거지?

바이오캔	수컷 매미만 울어. 수매미가 울면 다른 암매미들이 몰려오거든. 그러니까 매미가 우는 건 맘에 드는 암매미를 만나기 위해서야.
바이오피어	어떻게 울지?
바이오캔	수매미의 배 속에는 울음 기관이 있는데, 이것은 얇은 막과 근육으로 이루어져 있지. 근육이 이 얇은 막을 진동시키면 작은 소리가 만들어지는데, 이것이 매미의 배 속에서 울려 퍼지면서 큰 소리가 된 거지.
바이오캔	이제 거미에 대해 알려줄게. 거미가 곤충이 아니라는 것은 알지?
바이오큐브	다리가 여섯 개가 아니니까 곤충이 아니지.
바이오캔	거미는 전 세계에 없는 곳이 없어. 땅에도 살고 민물에서도 살지.
바이오큐브	거미는 어떻게 먹이를 먹지?
바이오캔	거미는 거미줄에 걸린 먹이를 이빨로 물어 마비시키고 동물의 몸속에 있는 체액을 빨아먹지.
바이오피어	거미는 우리에게 해로운가?
바이오캔	아니야. 거미는 곤충의 수를 줄이는 역할을 하니까 우리에게 이로운 동물이지.
바이오큐브	거미의 몸은 어떻게 생겼지? 징그러워서 자세히 본 적이 없거든.

바이오캔   거미는 머리와 몸이 하나로 붙어 있고 배는 따로 떨어져 있어. 그리고 다리는 네 쌍이고 눈이 여덟 개지.

바이오피어   거미줄은 어디서 나오지?

바이오캔   누에는 실을 입에서 내보내. 하지만 거미줄은 거미의 궁둥이에서 나와.

바이오피어   항문?

바이오캔   아니. 항문 옆에 실을 내보내는 곳이 있는데, 그곳을 방적돌기라고 불러. 그리고 거미에 따라 방적돌기의 수가 달라. 대개는 방적돌기가 세 쌍으로 되어 있지. 그리고 각각의 방적돌기에는 수만 개의 거미줄을 내는 구멍이 있어.

바이오피어   수만 개? 엄청나게 많군. 그럼 거미줄은 왜 끈적거려?

바이오캔	방적돌기의 구멍은 거미의 몸 안에 있는 분비선과 연결되어 있거든. 그래서 거미줄을 만들 때 끈적거리는 점액이 구멍에서 함께 나와 공기와 접촉하면서 거미줄을 끈적거리게 만드는 거야. 그런데 모든 거미줄이 끈적거리는 건 아니야. 거미줄은 방사선 모양으로 펼쳐진 방사선줄과 방사선줄 사이를 연결하는 가로줄로 되어 있어. 방사선줄은 거미가 이동하며 움직이는 줄로 끈적거리는 점액이 묻어 있지 않아서 전혀 끈끈하지 않아. 네가 말한 끈적거리는 줄은 바로 가로줄인데 이 줄에 여러 곤충이 붙어서 거미의 먹이가 되는 거지. 이렇게 서로 다른 용도의 거미줄들은 서로 다른 방적돌기에서 만들어져.
바이오캔	이번에는 꿀벌들의 생활에 대해 얘기해보자. 꿀벌은 꽃의 수분을 도와줘.
바이오큐브	그건 알고 있어.
바이오캔	그래? 그럼, 벌이 어떻게 생겼나 살펴볼까? 벌은 가슴과 배 사이에 잘록한 허리를 가지고 있고 투명한 네 개의 날개와 기다란 혀를 가지고 있지. 그리고 뒷다리에 꽃가루를 묻혀 꽃의 수분을 도와주지.
바이오큐브	그렇군. 벌은 어떻게 꽃들을 찾아가지?
바이오캔	향기로 찾는 거야. 그 후 꽃의 색깔과 모양을 익혀두지. 벌이 꽃의 향기를 가장 중요하게 여기는 이유는 꽃의 색

깔과 모양은 시들어지면 바뀔 수 있고 각도에 따라 다르게 보일 수 있지만 향기는 그대로이기 때문이지. 꿀벌은 한 마리의 여왕벌을 중심으로 1~2만 마리 정도의 꿀벌들이 모여서 벌의 나라를 만들어 생활해. 꿀벌 대부분은 일벌인데 벌집을 짓거나 청소하면서 애벌레를 돌보는 일 또는 여왕벌의 시중을 들거나 꽃으로부터 꿀을 모아오는 일을 하지.

바이오피어 일벌은 수컷인가?

바이오캔 아니 암컷이야. 하지만 여왕벌처럼 알을 낳지는 못하지. 오로지 일만 하다가 죽는 벌이야. 수벌은 5월쯤 태어나 여왕벌과 짝짓기를 하고 1~2개월 만에 죽어.

바이오피어	여왕벌은 알만 낳는군.
바이오캔	맞아. 하루에 3천 개 정도씩 낳지.
바이오피어	일벌과 여왕벌은 모두 암컷인데 왜 일벌은 알을 못 낳은 거지?
바이오캔	그건 애벌레 시절에 먹는 게 달라서 그래. 알에서 깨어난 애벌레는 3일이 지나면 음식을 먹기 시작하는데, 이때 로열젤리를 먹은 애벌레는 여왕벌로 자라고 식물즙이나 꽃가루를 먹은 애벌레는 일벌이 되지.
바이오큐브	로열젤리는 누가 만들지?
바이오캔	그건 일벌의 분비물 속에 들어 있는데, 우유처럼 일종의 호르몬 역할을 해. 일벌들은 여왕벌의 분비물을 먹고 자라는데, 그 분비물 속에는 '여왕물질'이라고 부르는 물질이 들어 있어. 이 물질을 먹은 일벌들은 난소의 기능이 억제되어 알을 낳지 못하게 되는 거야.
바이오피어	벌이 침을 한 번 쏘면 죽는다는데 그게 사실이야?
바이오캔	모든 벌이 그런 건 아니야. 꿀벌은 침을 쏘면 죽지만 말벌은 침을 쏘고 나서도 죽지 않거든.
바이오큐브	근데 왜 죽는 거지?
바이오캔	벌의 침은 원래 산란관이야. 그러니까 암컷인 여왕벌과 일벌들만이 가지고 있지. 물론 여왕벌은 이 침을 사람을 쏘는 데 사용하지 않고 다른 여왕벌들과 싸울 때만 사용

하지. 반면 일벌은 적을 공격하기 위해 침을 사용하는데, 침을 한 번 쏘고 나면 가시가 살에 걸려 쉽게 빼낼 수 없거든. 그러니까 쏘인 쪽은 엄청 아프지만, 벌은 반대로 도망칠 수 없어서 죽을 수밖에 없는 거야.

바이오큐브 말벌은 왜 안 죽는 거지?

바이오캔 말벌의 침은 꿀벌하고 모양이 달라. 그래서 침을 쏘고 나서도 항상 뺄 수가 있어. 그러니까 적에게 여러 번 침을 사용할 수 있지.

바이오피어 말벌을 만나면 조심해야겠네.

바이오캔 맞아. 말벌의 침은 독성이 강해서 경우에 따라서는 목숨이 위태로워질 수도 있으니까.

바이오큐브 그렇구나. 이번엔 잠자리에 대해 알려줘.

바이오캔 잠자리는 머리, 가슴, 배로 나누어져 있어. 혹시 잠자리에 대해 궁금한 거 있어?

바이오큐브 고추잠자리는 왜 빨간색이지?

바이오캔 잠자리의 머리, 가슴, 배는 주황색인데 수컷 잠자리의 배는 고추처럼 빨개서 고추잠자리라고 불러. 그런데 고추잠자리는 원래부터 빨간 것이 아니야. 처음에는 암수 모두 주황색을 띠다가 자라면서 수컷은 빨갛게 변하고 암컷은 누르스름하게 변하는 거지.

바이오피어 잠자리는 언제 알을 낳아?

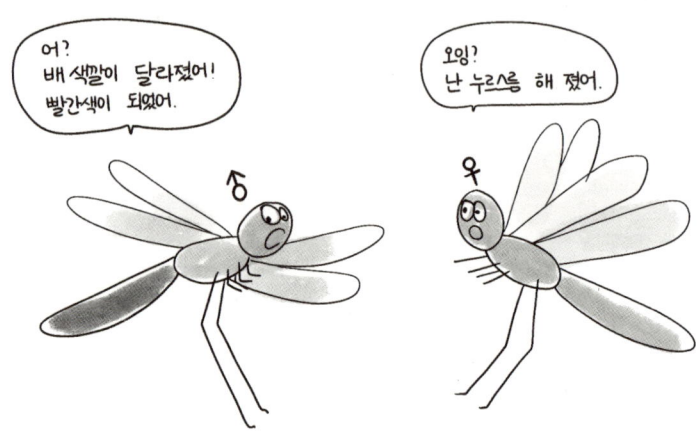

바이오캔   주로 가을에 알을 낳지. 알은 물속에서 겨울을 난 후 이듬해 봄에 애벌레가 나오지.

바이오캔   이번에는 나비에 대한 이야기를 해보자. 나비는 전 세계 어느 곳에서나 볼 수 있어.

바이오피어 나비는 뭘 먹고 자라지?

바이오캔   나비의 애벌레는 이파리를 먹고 살아. 예를 들어 배추흰나비는 알을 배춧잎에 낳는데 알이 부화되어 애벌레가 되면 그 애벌레는 배춧잎을 갉아 먹으면서 점점 커지지. 폴리페모스나방의 애벌레는 크기가 아주 작은데 태어나자마자 애벌레가 잎을 먹어 치우기 시작해 48시간 만에 몸무게가 8만 배나 늘어나거든. 이 벌레들은 꽃잎을 모두 먹어 치워버리기 때문에 꽃을 기르는 사람들에게는 큰

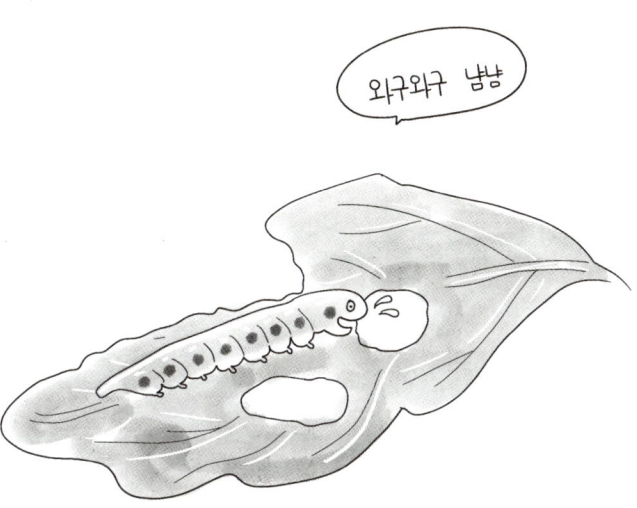

골칫거리지.

바이오큐브 엄청난 식성이군.

바이오피어 나비와 나방은 어떤 차이가 있지?

바이오캔 나비는 앉아 있을 때는 보통 날개를 접고 있어. 하지만 나방은 날개를 펴고 앉아 있지. 나비는 대개 햇빛 쬐는 걸 좋아하고 주로 낮에 활동해. 하지만 나방은 어두운 곳을 좋아해 주로 밤에 활동하지. 하지만 열대지방에 사는 어떤 나방들은 낮에 활동하는 것들도 있어. 그러니까 꼭 낮에 보인다 밤에 보인다고 해서 나비와 나방을 구별하는 것을 옳지 않아. 나비와 나방은 모두 더듬이를 가지고 있어. 이 더듬이로 여러 꽃이나 곤충들의 냄새를 맡지. 그런데 나비의 더듬이는 길고 가늘며 맨 끝에 마디가 있어. 이

에 비해 나방의 더듬이는 깃털처럼 뭉툭하게 생겼는데 특히 수컷의 촉각이 발달해있어. 이건 수컷이 암컷을 찾아다니기 위해서지. 나비의 날개는 밝고 색깔이 화려해. 하지만 나방의 날개는 색깔이 은은하고 그리 산뜻하지 못하지. 그래서 나방은 주위의 나무와 잎사귀와 잘 구별되지 않기도 해.

바이오피어 독을 가진 나방도 있나?

바이오캔 물론 그런 나방을 독나방이라고 불러. 독나방은 애벌레 때부터 몸에 독을 지니고 있어. 오히려 애벌레 때 더 많은 독을 가지고 있지. 나비와 나방을 인시류라고 불러. 그런데 이것을 처음 연구한 과학자가 누군지 알아?

바이오피어 모르지.

바이오캔 그럴 줄 알아서. 네덜란드의 슈밤메르담(J. Swammerdam, 1637~1680)이라는 생물학자야. 그는 이파리를 뜯어 먹고 사는 쐐기벌레가 나비가 될 거라고 믿었지. 물론 당시 사람들은 아름다운 나비가 징그러운 쐐기벌레가 자란 것이라고는 생각하지 않았어. 그는 쐐기벌레를 직접 키워보았지. 그리고 쐐기벌레가 고치를 만들자 고치 속을 열어보았어. 그랬더니 고치 안에서 죽은 나비가 발견된 거야. 쐐기벌레가 나비가 된다는 걸 증명한 거지. 그는 이 내용을 1669년에 곤충에 관한 책에 썼어. 하지만 아무도 그의 말을 믿으려 들지 않았어. 그 후 많은 생물학자가 나비와

쐐기벌레 사이의 관계를 연구하면서 슈밤메르담의 말이 옳다는 것을 알게 되었지.

바이오큐브 신기한 행동을 보이는 나비와 나방도 있어?

바이오캔 물론이야. 자기 알껍데기를 먹고 자라는 나비도 있어. 배추흰나비는 알에서 부화되면 작은 애벌레가 되지. 이 애벌레는 부화 후 한 시간쯤 지나면 자기 알껍데기를 완전히 먹어 치워.

바이오큐브 왜 알껍데기를 먹는 거지?

바이오캔 두 가지 설이 있어. 하나는 적에게 발견되지 않기 위해 알껍데기를 먹어 흔적을 남기지 않는다는 것이고, 다른 하나는 알껍데기에 영양분이 많아서 먹는다는 것이지. 하

지만 여전히 배추흰나비의 애벌레가 알껍데기를 먹는 이유에 대해서는 잘 알려지지 않았어. 이번에는 가장 멀리 날아가는 나비에 관한 얘기를 해 볼까?

바이오큐브 얼마나 멀리 날아가는데?

바이오캔 미국과 캐나다에 사는 모나크나비는 가을에는 멕시코 중부에서 살다가 봄이 되면 미국 북부나 캐나다로 돌아오거든. 그 거리가 1만 킬로미터야. 그래서 가장 긴 여행을 하는 나비로 나비 기네스북에 올라 있지. 그리고 소리 내는 나방도 있어. 유리산누에나방의 애벌레는 누가 건드리기만 하면 머리를 쳐들고 찍찍 울어대지.

바이오큐브 입으로 내는 소린가?

바이오캔 아니야. 등의 주름을 비벼서 내는 소리야.

바이오큐브 등의 주름을 비벼서 소리를 내다니 신기하군.

바이오캔 그래서 다음 장에서는 신기한 행동을 하는 여러 동물에 대해서 알아보려고 해. 재미있겠지?

 # 동물의 신기한 행동

바이오캔 이번에는 동물들의 신기한 행동에 관해 이야기해볼까 해.

바이오큐브 재미있겠네.

바이오캔 물을 거의 마시지 않는 동물이 있어.

바이오큐브 낙타?

바이오캔 맞아. 사막의 배라고 불리는 낙타도 물을 마시지 않고 며칠 동안을 살 수 있어. 낙타 등의 혹은 물이 아닌 지방이 저장된 것이야. 야간에는 차가운 사막 공기가 낙타의 비강 온도를 낮추는데, 이때 호흡 속 수분이 비강 내에서 응결되어 낙타의 몸속으로 흡수돼. 낙타의 비강은 매우 복잡하게 꼬여 있어 호흡할 때 수분 중 60%를 다시 획득해 사용하는 기능을 하지. 그래서 낙타는 며칠간 물을 마시지 않아도 별 지장이 없어.

바이오큐브 낙타보다 더 오랫동안 물을 안 마시고 사는 동물도 있어?

바이오캔 아프리카의 건조한 지역에 사는 오릭스라는 동물이 있어. 오릭스의 몸길이는 평균 170센티미터이고, 초승달 모양으로 굽은 뿔은 1미터가 넘는데, 뿔의 두께로 암컷과 수컷을 구별할 수 있어. 몸무게는 대체로 200킬로그램을 넘어. 오릭스는 물을 수 주간 마시지 않고도 살아갈 수 있으며 군집 생활을 하는데, 저녁에 주로 활동하고 밤에도 가끔 활동하는 습성이 있어. 초식성으로 풀, 건초, 나뭇잎, 과일 등을 먹지. 평소에는 수컷들이 암컷들을 두고 다투며, 한 배에 새끼를 한 마리씩 낳고 임신기간은 약 300일이고, 수명은 약 18년 정도야.

바이오피어 어떻게 수 주 동안 물을 안 마시고 살 수 있지?

바이오캔 오릭스의 코에 특별한 기능이 있기 때문인데, 바로 냉각 기능이야. 포유류는 뇌의 온도가 43℃를 넘으면 죽어. 그래서 물을 마셔 항상 일정한 체온을 유지하게 되는 거지. 그러나 오릭스는 뇌로 보내어지는 피의 온도를 코의 냉각장치로 낮출 수 있어서 뇌의 온도가 항상 체온보다 3℃ 정도 낮게 유지될 수 있어. 이런 냉각장치 덕분에 오릭스는 물을 마시지 않아도 살 수 있지.

바이오피어 물을 안 마시는 또 다른 동물이 있어?

바이오캔 물론. 사막에 사는 캥거루쥐도 물을 안 마시고 살 수 있어. 이 동물은 짧은 앞발과 긴 뒷발로 폴짝폴짝 뛰는 모습이 마치 캥거루 같아서 캥거루쥐라는 이름이 붙었는데 건조한 사막 생활에 잘 적응하기 위해 물을 마시지 않는 방법을 택했어. 캥거루쥐는 평생 거의 물을 마시지 않고 오로지 나무뿌리나 씨앗 등의 먹이로부터 수분을 얻어. 그런데도 몸속의 수분량은 다른 포유류와 비슷한데, 이는 여러 가지 방법으로 체내 수분량을 지키고 있기 때문이야. 콩팥에서 수분을 재흡수해 그 어떤 포유류보다 진하고 농축된 소변을 배출하고, 대변 역시 수분 함유량이 거의 없어. 호흡을 통해 배출되는 소량의 수분 역시 콧구멍에서 다시 회수해 몸에 재흡수되는 방법으로 수분을 섭취하지.

바이오큐브 재미있네. 또 물 안 먹는 동물은 뭐지?

바이오캔 도깨비도마뱀이야. 생김새 때문에 도깨비도마뱀 혹은 가시악마도마뱀이라고 불릴 정도로 한 번 보면 쉽게 잊히지 않는 비주얼을 자랑하는 동물이지. 마치 용을 연상하게 하는 듯한 얼굴에, 온몸에는 크고 작은 뾰족한 가시들이 잔뜩 나 있어. 도깨비도마뱀은 밤이나 새벽에 이슬이 맺히거나 비가 오면 피부 표면의 가시 사이사이에 있는 홈으로 수분이 모이는데, 이 홈은 피부 아래의 관으로 연결되어 입까지 수분을 전달할 수 있어. 그래서 물을 마실 필요가 없어.

바이오피어 물 안 먹는 동물이 많네.

바이오캔 개구리와 같은 변온 동물은 스스로 체온을 조절할 수 있는 능력이 없고 체온이 0℃ 이하로 내려가면 죽을 수 있어서 대개 겨울잠을 자. 하지만 오스트레일리아의 사막 지

대에서 살고 있는 물저장개구리는 독특하게 여름잠을 자.

바이오피어 왜 여름잠을 자는 거지?

바이오캔 이 시기 오스트레일리아는 건기로 매우 뜨거운 온도 때문에 쉽게 수분을 손실할 수 있거든. 물저장개구리는 피부에 방수 기능이 있는 점액질을 분비해 몸 안의 수분이 빠져나가지 못하게끔 하고 방광에도 물을 저장해 최대 2년 정도 여름잠을 잘 수 있어.

바이오피어 엄청난 잠꾸러기군.

바이오캔 마지막으로 소개할 동물은 사막거북이야. 사막거북이 서식하는 소노라사막은 두 번의 우기가 있어 북아메리카 사막 중 가장 많은 동식물이 살고 있어. 이곳은 비가 많이 오기는 하지만 평균 기온이 40℃, 여름철에는 60℃까지

치솟을 정도로 북아메리카 지역에 있는 네 개의 사막 중에서는 가장 뜨거운 편이야. 대부분의 동·식물은 우기 동안에 많은 양의 수분을 저장해놓고 건기를 살아가게 되지. 사막거북도 예외는 아니야. 사막거북은 30센티미터 남짓한 작은 몸집이지만 자신 몸무게의 약 40% 정도 되는 양의 수분을 방광 속에 저장해놓을 수 있어. 그리고 이 소변을 이용해 수분을 공급함으로써 물을 마시지 않아도 건기를 보낼 수 있지.

바이오피어 사막거북의 방광은 엄청나네.

바이오캔 또 다른 궁금한 동물 있어?

바이오피어 철새들은 왜 길을 잃지 않는 거지?

바이오캔 철새들은 아주 먼 거리를 이동하면서 늘 길을 잃지 않고 이동하는데, 그 이유는 아직도 완전히 밝혀지지는 않았어. 하지만 과학자들의 인공적인 실험을 통해 몇 가지 이유가 있다는 게 밝혀졌지.

바이오피어 어떤 실험이야?

바이오캔 실험은 햇빛의 방향을 변화시킬 수 있는 창과 거울이 설치된 특별한 새장에 철새를 넣는 거야. 실험 결과 철새들은 햇빛의 방향이 바뀌면 비행 방향을 바꾸었어. 즉 떠오르는 태양의 방향에 대한 단서를 찾는다는 것이 밝혀진 거지. 시간이 지날수록 새들은 그들의 체내시계의 도움으로 이 방향을 유지할 수 있게 된다는 게 과학자들의 설명이야. 과학자들은 밤에 이동하는 경우를 실험하기 위하여 이번엔 천체 투영실에 철새를 넣었어. 이 실험으로 돔에 비친 별의 위치가 바뀌면 이에 따라 새들이 비행 방향을 바꾼다는 것이 밝혀졌지.

바이오피어 지구자기장과 관련이 있다고 들었는데.

바이오캔 물론이야. 먼 거리를 이동하는 철새들이 대개 남북으로 이동하기 때문에 지구자기를 감지하여 방향을 찾는 것이 아닐까 하고들 생각했는데, 실제로 그렇다는 것이 밝혀졌어. 또 다른 새로 비둘기는 집을 잘 찾기로 유명한 새라서 옛날부터 서신을 전달하는 데 사용되었지. 비둘기의 머리에 작은 자석이 들어 있다는 사실이 1979년 미국

에서 확인되었어. 뇌와 머리뼈 사이의 가로, 세로가 각각 1밀리미터, 2밀리미터인 조직 안에서 기다란 자석이 발견되었어. 비둘기들은 이 자석을 나침반으로 삼아 먼 거리를 정확하게 찾아갈 수 있는 거지. 하지만 철새들이 늘 낮에만 이동하는 것은 아니고, 또 밤에만 이동하는 것도 아니야. 자석을 가지고 있는 철새는 일부라서 지구자기장의 방향, 지구의 자전, 기압의 변화 등과 같은 많은 다른 요인들도 철새들이 비행경로를 찾는 데 도움을 제공할 수 있을 거로 생각하고 있어.

바이오피어 와~ 진짜 신기한 동물의 세계구나.

2부
사람, 인체의 신비

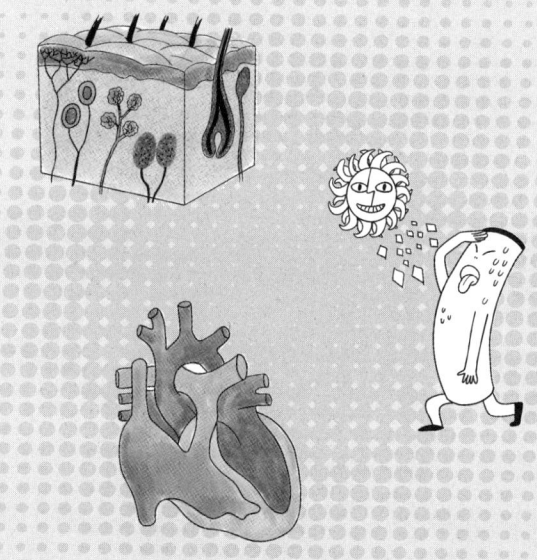

1 영양소

바이오큐브 사람은 꼭 음식을 먹어야 해?

바이오캔 물론. 우리 몸은 66퍼센트의 물과 16퍼센트의 단백질, 13퍼센트의 지방·탄수화물·무기염류 등으로 이루어져 있는데, 이런 물질들은 음식을 통해 받아들일 수 있거든. 특히 음식물 속에는 우리 몸을 구성하거나 활동하는데 필요한 물질들이 많이 들어 있고, 이를 '영양소'라고 해. 영양소 중에서 에너지를 만드는 영양소를 '주영양소'라고 부르고 에너지를 만들지는 않지만 사람의 몸을 구성하거나 생리 기능을 조절하는 역할을 하는 영양소를 '부영양소'라고 불러.

바이오큐브 주영양소는 어떤 거지?

바이오캔 주영양소는 탄수화물, 단백질, 지방을 말해. 그래서 3대

영양소라고 부르지.

바이오큐브 탄수화물이 뭐지?

바이오캔 탄수화물은 탄소, 수소, 산소가 결합하여 이루어진 천연 고분자 화합물이야. 포도당, 엿당(맥아당), 젖당(유당), 과당, 설탕(자당) 등이 탄수화물에 속하지. 탄수화물 1그램은 4킬로칼로리의 에너지를 만들어. 탄수화물은 다른 영양소에 비해 에너지로 바뀌기가 매우 쉬워서 짧은 시간 동안 많은 힘을 써야 하는 역도선수나 100미터 달리기 선수들에게 도움을 줄 수 있어. 또한 머리를 쓰는데 필요한 에너지를 주기 때문에 공부하는 아이들에게도 필수적인 영양소야.

바이오큐브 탄수화물은 어떤 음식에 많이 들어 있지?

바이오캔 밥이나 빵, 국수, 감자, 고구마 같은 음식에 많이 들어 있어.

탄수화물 함유량이 높은 음식

단백질 함유량이 높은 음식

바이오피어 단백질은 어떤 역할을 하지?

바이오캔 단백질은 주로 근육, 머리카락, 손톱, 발톱, 피부 조직과 뼈를 만드는 데 사용돼. 그래서 근육을 키워야 하는 보디빌더들에게 단백질은 아주 중요한 영양소이지. 단백질도 탄수화물처럼 1그램이 4킬로칼로리의 에너지를 만들어. 그리고 단백질을 분해하면 아미노산이 돼. 인체 내에서는 단백질의 형태로 흡수되는 것이 아니라 아미노산의 형태로 흡수되지. 이렇게 아미노산의 형태로 흡수되었다가 다시 단백질로 합성되어 우리 몸에 작용하게 돼.

바이오큐브 단백질은 어떤 음식에 많이 들어 있지?

바이오캔 고기나 달걀, 생선, 두부, 콩 같은 음식에 들어 있어.

바이오피어 지방도 똑같은 에너지를 만들어?

바이오캔 그렇지 않아. 지방은 1그램으로 9킬로칼로리의 에너지를 만들어. 탄수화물이나 단백질보다 두 배 이상의 에너지를 만들지. 지방은 적은 양으로 많은 에너지를 낼 수 있어서 소모되는 양은 적고, 그 대신 몸속에 쌓이는 양은 많아. 3대 영양소의 하나이므로 적당한 양의 지방은 우리 몸에 꼭 필요하지만 지나치게 많이 먹으면 살이 찔 수가 있어. 지방은 체온을 조절하는 데도 쓰이고 세포막을 만드는 데도 사용돼.

바이오피어 지방이 많은 음식은 뭐지?

바이오캔 지방이 많이 들어 있는 음식으로는 돼지고기, 버터, 마가린, 땅콩, 식용유 등이 있어.

지방 함유량이 높은 음식

바이오피어   부영양소에는 어떤 것들이 있지?

바이오캔   비타민, 무기염류, 물 등이야.

바이오피어   무기염류는 뭔데?

바이오캔   철, 칼슘, 인, 칼륨, 마그네슘과 같은 것들이 무기염류야. 우유, 김, 시금치 같은 음식에는 무기염류가 많이 들어 있고 과일에는 비타민이 많이 들어 있어. 이렇게 영양소가 들어 있는 음식이 모두 다르니까 영양소를 고루 섭취하려면 음식을 골고루 먹어야 하는 거야. 이제 각각의 무기염류의 작용에 대해 설명해 줄게. 칼슘은 뼈와 이의 성분을 이루는 역할을 하지. 마그네슘은 칼슘과 함께 뼈에 들

무기염류 함유량이 높은 음식

어 있고, 근육과 신경의 기능을 유지하는 역할을 해. 마그네슘은 녹색 채소, 호두·땅콩과 같은 견과류 등에 많이 들어 있어. 칼륨은 근육 및 신경의 기능 조절에 필요한 무기염류로 채소류에 많이 들어 있어.

바이오피어 비타민에 대해서도 알려줘.

바이오캔 오케이. 혹시 비타민을 누가 발견했는지 알아?

바이오큐브 아니. 누가 발견했는데?

바이오피어 그건 내가 알아. 1880년대 초 일본 해군들 사이에 각기병이 발생했는데, 치료 방법을 알아보던 중 각기병에 걸린 닭들이 정제 쌀과 겨를 함께 먹으면 각기병이 낫는다는 것을 발견했지. 그 이후 폴란드 화학자인 카스미르 풍크 Cacimir Funk는 각기병을 낫게 하는 성분을 비타민이라고 붙였어. 이는 '활력이 넘치는' 이란 뜻의 'Vital'과 '아민' 성분을 나타내는 'amine'을 합쳐 비타민Vitamin이라는 이름을 만든 거지.

바이오큐브 각기병이 뭐지?

바이오캔 다리 힘이 약해지고 저려서 잘 걷지 못하는 병이야. 비타민이 부족해서 각기병이 생긴 거지.

바이오큐브 비타민은 종류가 많던데.

바이오캔 맞아. 하지만 크게 나누면 두 종류야. 지용성 비타민과 수용성 비타민이지. 지용성 비타민은 비타민 A, D, E, K로 몸 밖으로 배설되지 않고 간에 저장되지. 반대로 수용성 비타민은 비타민 B, C를 말하는데, 몸에 저장되지 않고 소변으로 배설되지.

바이오큐브 비타민은 어떤 음식에 많이 들어 있지?

바이오캔 비타민의 종류에 따라 달라. 비타민은 알파벳으로 종류를 구분하는데, 우리 몸에 중요한 비타민에는 A, B, C, D를 들 수 있어. 그럼 각각의 비타민에 대해 알려줄게. 먼저 비타민 A는 채소, 우유, 버터, 달걀노른자에 많이 들어 있어. 비타민 A가 부족하면 밤에 잘 안 보이는 '야맹증'에 걸릴 수 있지.

바이오큐브 비타민 B는?

바이오캔 비타민 B는 콩, 쌀겨, 고기, 우유에 많이 들어 있어. 이 비타민이 부족하면 신경계와 심혈관계에 영향을 끼치는 '각기병'에 걸려. 각기병의 대표적 증상으로는 식욕저하와 무기력증 등이 있어.

바이오피어 비타민 C는?

바이오캔 비타민 C는 과일, 채소에 많이 들어 있어. 이 비타민이 부족하면 '괴혈병'에 걸려. 괴혈병에 걸리면 기운이 없고, 잇몸이나 피부에서 피가 나고 어지러움을 유발하는 빈혈 증세를 보이지.

바이오큐브 비타민 D는?

바이오캔 비타민 D는 버섯, 생선, 버터에 많이 들어 있어. 비타민 D가 부족하면 뼈가 약해져 척추가 구부러지는 '구루병'에 걸려.

바이오큐브 무서워라. 앞으로 비타민을 골고루 먹어야겠어.

바이오캔 좋은 생각! 비타민뿐만 아니라 모든 영양소를 골고루 섭취해야 해. 골고루 잘 먹기 위해서는 소화 능력도 좋아야겠지. 다음 장에서는 소화에 대해 알아보자.

2 소화

바이오캔 입에서의 소화에 대해서 먼저 알아볼게.

바이오큐브 입에서도 소화가 이루어지나?

바이오캔 그럼. 우리가 먹는 음식물은 알갱이가 커서 그대로는 몸에 흡수되지 않아. 그러니까 잘게 나누어져야 하지. 이 과정을 '소화'라고 해. 소화에는 다음과 같이 두 종류가 있어.

> 1. 기계적 소화: 힘으로 음식물을 잘게 쪼개는 것
> 2. 화학적 소화: 소화 효소에 의해 음식물이 잘게 분해되는 것

바이오큐브 입 안에서의 소화 과정을 좀 더 자세히 알려 줘.

바이오캔 음식물이 입 안으로 들어오면 우선 이가 음식물을 잘게

부숴. 이는 여러 종류가 있는데 종류마다 그 역할이 달라. 앞니는 음식물을 자르거나 끊는 역할을, 뾰족한 송곳니는 음식물을 찢는 역할을, 어금니는 맷돌처럼 잘게 으깨지.

바이오큐브 우리가 음식을 씹는 것이 소화 과정이었네. 그다음 소화 과정은 뭐지?

바이오캔 침으로 음식물을 분해하는 거. 침은 입 안의 귀밑샘, 턱밑샘, 혀밑샘 등 침샘에서 만들어져.

바이오피어 침은 모든 음식물을 분해하나?

바이오캔 모두는 아니고. 침 속에는 특히 탄수화물을 잘 분해하는 '아밀라아제'라는 소화 효소가 있어. 이 효소는 탄수화물을 분해해 포도당으로 만들지.

바이오피어 그럼 다른 음식들은 어디에서 잘게 부서져?

바이오캔 대부분 음식은 위에서 분해돼.

바이오피어 그럼 혀는?

바이오캔 혀는 음식 맛을 느끼고 침과 음식물을 잘 섞어 주는 역할을 해. 음식물을 식도로 보내 주는 역할도 하지.

바이오큐브 식도로 간 음식물은 어떻게 위로 가지?

바이오캔 식도가 음식물을 내려보낼 수 있는 것은 치약을 짜는 것처럼 위쪽부터 차례로 오므라들었다 늘었다 하는 '연동 운동'을 하기 때문이야. 식도는 길이가 보통 25센티미터 정도야. 물론 키 큰 사람은 식도가 더 길겠지만.

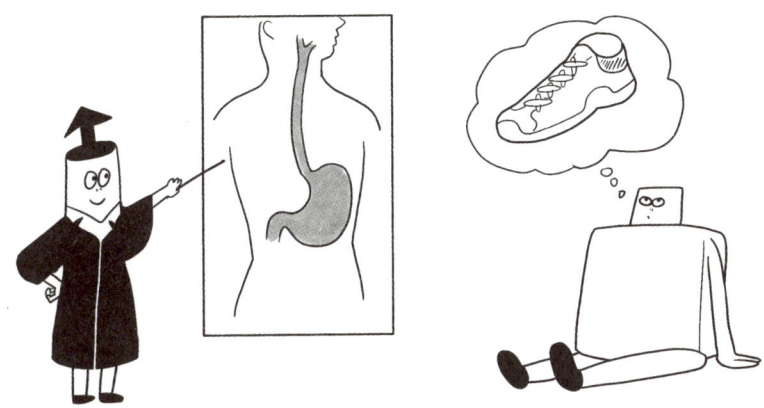

바이오캔 위는 식도에 연결되어 있고, 윗부분이 크고 아래는 작은 자루 모양의 소화 기관이야. 위의 크기는 보통 자신의 신발 크기와 비슷해.

바이오큐브 신발만 한 게 내 배에 들어 있다니, 생각보다 크네. 그럼 위에는 얼마나 많은 음식물이 들어가?

바이오캔 사람마다 다르지만, 보통 어른의 경우는 1.5리터 정도의 음식물이 들어가. 위는 음식물이 없을 때는 쪼그라들어 주름이 져 있지만 밥을 먹으면 활짝 펴지지.

바이오큐브 위로 들어간 음식물은 어떻게 되지?

바이오캔 위에서는 이로 씹어서 듬성듬성하게 부서진 음식물을 꿈틀꿈틀 움직여 위액과 섞어 줘. 음식물 알갱이가 1밀리미터보다 작은 묽은 죽이 될 때까지 말이야.

바이오큐브　얼마 정도 그렇게 섞어 줘?

바이오캔　밥은 보통 2~3시간, 고기는 3~4시간 정도.

바이오큐브　오랫동안 운동을 하네.

바이오캔　그렇지. 그런 다음 그렇게 묽은 죽이 된 음식물을 작은창자로 내보내는 거야. 작은창자로 내려보낼 때는 단번에 보내는 것이 아니라 15~20초 정도 사이를 두고 조금씩 내보내.

바이오피어　위 안은 어떻게 생겼어?

바이오캔　위벽에는 많은 주름이 있고, 주름 사이에 위액을 분비하는 위샘이 있어. 여기서는 하루 2리터 정도 위액이 나오는데 위액은 위산과 소화 효소로 이루어져 있어. 그리고 위산은 피부를 짓무르게 할 정도로 강한 산성이야.

바이오피어　어, 이상한데? 위산이 피부를 짓무르게 할 정도라면 위는 위산 때문에 짓물러져서 엉망이 되지 않나?

바이오캔　좋은 지적이야. 바이오피어 말처럼 위산은 강한 염산이라서 음식물을 녹일 수 있어. 그런데 위산이 나와도 위가 괜찮을 수 있는 건 위 안쪽에 점막이 있어서 그래.

바이오큐브　점막이 보호막인 거야?

바이오캔　그런 셈이지. 점막은 음식물과 위의 힘살 사이를 떼어 놓는 역할을 해. 즉, 점막에서 점액질을 계속 분비하기 때문에 위산이 위벽에 닿는 것을 막아 주는 거야. 위액 속에 있는 소화 효소는 펩신이라는 건데, 펩신은 단백질을 잘게 부숴 펩톤으로 만들어. 펩톤은 십이지장에서 본격적으로 소화, 흡수할 수 있게 준비하는 역할을 해.

바이오캔   자, 이번에는 위 다음에 음식물이 도착하는 작은창자 차례. 작은창자는 길이가 7미터 정도로 우리 몸에서 제일 긴 장기야.

바이오큐브   우와! 엄청 길다! 대체 내 키의 몇 배야?!

바이오캔   길이가 긴 만큼 작은창자는 음식물 대부분이 소화되는 아주 중요한 장소야. 작은창자가 시작되는 곳을 '십이지장'이라고 해.

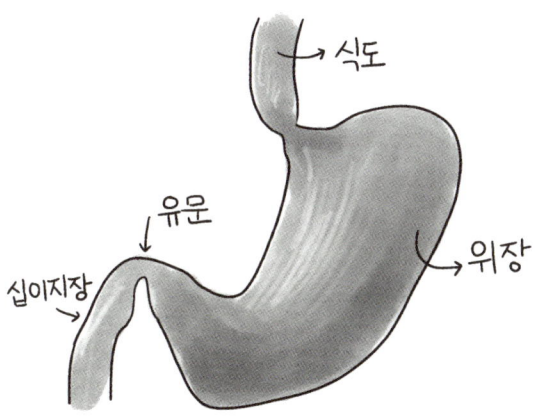

바이오큐브   아! 십이지장 궤양 할 때 그 십이지장?

바이오캔   그래. 십이지장 궤양은 십이지장 점막에 궤양이 생긴 것,

즉 상처가 나고 헌 걸 말해. 여하튼 이런 십이지장은 길이가 30센티미터 정도인데 이자에서 만들어지는 이자액과 간에서 만들어져서 쓸개에 저장되는 쓸개즙, 그리고 작은창자의 장샘에서 만들어지는 장액이 분비되는 곳이야.

바이오큐브 그 세 가지 액체는 어떤 역할들을 하지?

바이오캔 간단히 정리해 볼게.

> **이자액**: 지방을 잘게 부수는 '리파아제'라는 소화 효소와 단백질을 잘게 부수는 '트립신'이라는 소화 효소가 들어 있다.
> **쓸개즙**: 소화 효소는 들어 있지 않지만 지방의 소화를 도와준다.
> **장액**: 단백질을 분해하는 '펩티다아제'라는 소화 효소가 들어 있다.

바이오피어 작은창자는 어떤 운동을 하지? 위처럼 연동 운동을 하나?

바이오캔 작은창자는 연동 운동뿐 아니라 혼합 운동도 해.

바이오피어 혼합 운동?

바이오캔 응. 말 그대로 작은창자 안의 음식물들을 잘 섞어 주는 거지. 그리고 작은창자 안의 음식물들을 아래로 내려보내기 위해 연동 운동을 하는 거야.

바이오피어 그렇군. 그럼 작은창자는 어떤 모습이야?

바이오캔 작은창자는 탄수화물, 지방, 단백질이 잘게 부수어져 만들어진 영양소들과 비타민, 무기염류 등을 물과 함께 흡수를 해. 작은창자의 벽은 주름투성이 융털로 뒤덮여 있어 영양소를 보다 많이 흡수할 수 있게 되어 있어.

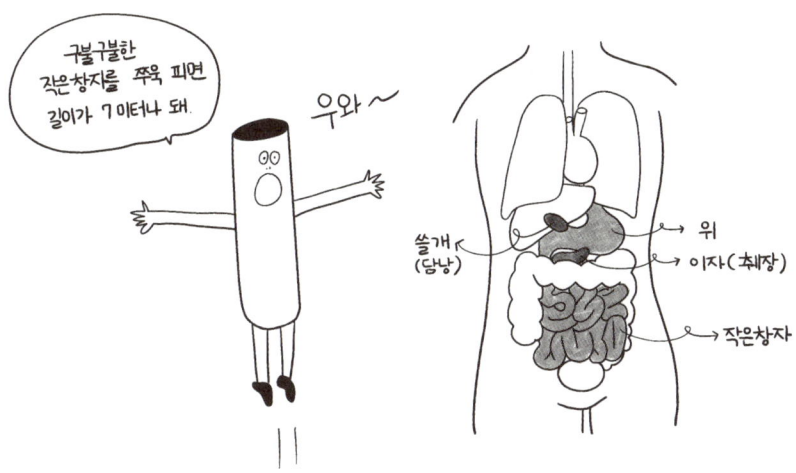

바이오큐브 이자는 구체적으로 어떤 역할을 해?

바이오캔 이자는 '췌장'이라고도 하고, 좀 전에도 말했듯이 이자액을 만들어. 이자액에는 단백질, 탄수화물, 지방을 잘게 부수는 소화 효소가 들어 있어. 또 이자에서는 '인슐린'과 '글리코겐'이라는 두 종류의 중요한 호르몬을 만들어. 이 호르몬은 사람의 근육에 들어가는 당의 양을 조절해.

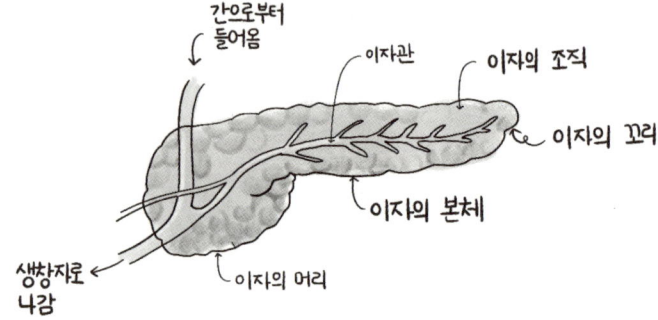

바이오캔   이자액을 만드는 이자에 대해 알아보면서 쓸개즙을 만드는 간에 대해 알아보지 않는다면 좀 섭섭하겠지? 간은 크기나 무게에서 단연 으뜸인 장기야. 무게가 약 1.5킬로그램 정도로 우리 몸의 장기 중 가장 크지.

바이오피어   오호~! 그게 어디에 있는데?

바이오캔   오른쪽 갈비뼈 안쪽에 있어. 갈비뼈에 의해 보호되고 있지. 간은 하루에 쓸개즙을 0.5~1리터 정도 만들어 내. 쓸

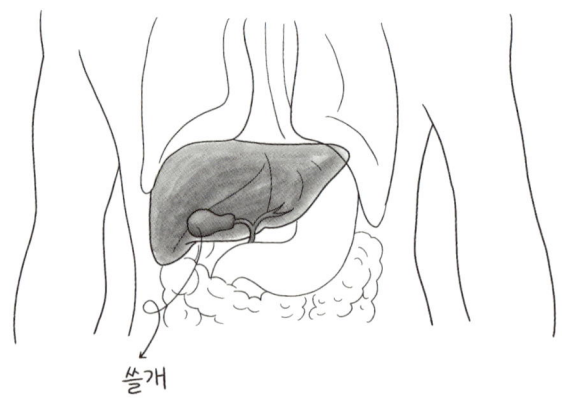

	개즙은 쓸개에 모여 있다가 십이지장으로 가는 거고.
바이오피어	그럼 쓸개는 간 옆에 붙어 있겠네?
바이오캔	간 바로 밑에 있지.
바이오피어	간은 쓸개즙 만드는 것 말고 다른 일도 하는 것 같던데? 피로한 것도 간이 안 좋아서 그렇다 하고, 어른들이 술 마신 후 간이 좋다, 안 좋다, 말씀 들을 하시잖아.
바이오캔	그래. 네 추측대로 간은 많은 일을 해. 사람 몸에 있어서 화학공장 같은 곳이지. 우리 몸에 필요한 단백질과 영양소를 만들어 저장하고, 몸에 해로운 여러 가지 물질들을 해독하는 기능을 하거든. 혈액 속에는 우리 몸에 중요한 역할을 하는 여러 가지 단백질들이 있는데, 이 중 약 90%는 간에서 만들어져. 또한 우리 몸에 들어온 각종 약물과 해로운 물질은 간에서 해가 적은 물질로 바뀌어 소변을 통해 배설돼.
바이오피어	간은 중요한 일을 하는 곳이구나.
바이오캔	자! 이번에는 큰창자에 대해 배울 차례야. 큰창자는 작은창자보다 굵지만 길이는 1미터 50센티미터 정도로 작은창자보다 짧아.
바이오큐브	어디부터가 큰창자야?
바이오캔	보통 맹장에서 항문까지를 큰창자라고 하는데, 맹장, 결장, 직장, 이 세 부분으로 구분할 수 있어.

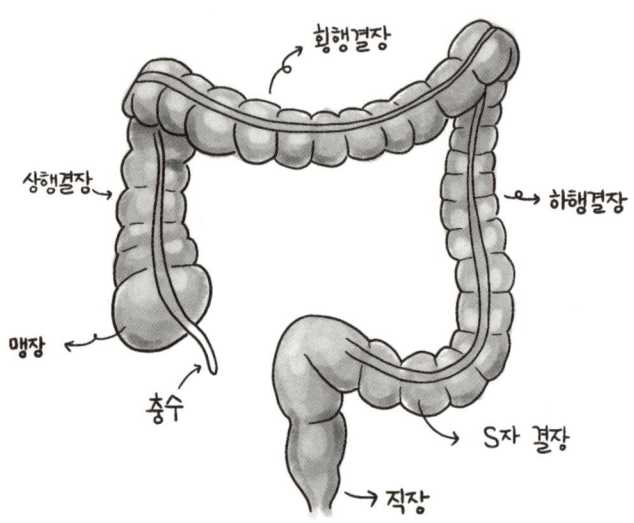

바이오큐브 맹장, 결장, 직장? 맹장이 대장이라니 놀라운데? 이 셋의 차이는 뭐지?

바이오캔 다음과 같아.

> **맹장**: '충수'라고도 하는데 길이는 5센티미터 정도이고 끝은 막혀 있다. 맹장이 세균에 감염되면 부풀어 올라 터지는데, 이것을 '맹장염'이라고 한다. 이때는 맹장을 떼어 내는 수술을 해야 한다.
> **결장**: 큰창자의 대부분을 차지한다. 결장은 대변이 보관되어 있는 터널이라고 생각하면 된다.
> **직장**: 큰창자의 마지막 부분으로, 항문과 연결되어 있다.

바이오큐브　큰창자에서는 어떤 일이 일어나?

바이오캔　큰창자는 물이 흡수되고 남은 찌꺼기인 대변을 연동 운동으로 항문 밖으로 내보내는 일을 해.

바이오큐브　근데 설사는 왜 하는 거야? 설사 때문에 곤란해하는 친구가 있어.

바이오캔　설사를 하는 건 대장에 사는 대장균들 때문이야. 대장에는 수많은 대장균이 살고 있는데, 대장균들은 잘 부서지지 않는 음식을 분해하는 일을 하고 있어. 근데 그 수가 너무 많으면 설사하는 거야.

바이오큐브　대장균이 나쁘다기보다 너무 많아져서 그럴다는 거네.

바이오캔　그렇지. 그리고 건강한 사람은 하루에 대장으로 가는 수분이 2.5리터 정도야. 그중에서 2.4리터 정도의 물을 큰창자가 흡수해.

바이오큐브　거의 다 흡수하는군.

바이오캔　그런데 작은창자에 이상이 생기면 하루에 7 내지 8리터의 물을 큰창자가 흡수하게 되는데 큰창자가 흡수할 수 있는 최대 수분의 양은 5.7리터거든.

바이오큐브　나머지는?

바이오캔　그 수분이 대변에 섞여 설사가 되는 거야.

바이오큐브　자꾸 수분이 빠져나가면 안 좋을 것 같은데…….

바이오캔　그렇지. 그래서 설사하고 나면 탈수를 막기 위해 몸에 수분을 공급해 주는 게 좋아.

바이오피어 그건 그렇고, 변비는 왜 생기지?

바이오캔 변비는 섬유질을 많이 섭취하지 않았거나 운동 부족으로 생기는 거야. 요즘은 특히 학생들이나 사무실에서 일하는 어른들은 움직이는 시간보다 앉아 있는 시간이 많잖아. 그리고 걸어 다니는 시간도 예전보다 짧아지고. 이런 운동 부족이 한 이유로 얘기되고 있어. 그러니까 변비를 막으려면 운동을 열심히 하고, 하루에 8컵 이상의 물을 마셔야 해. 다시마나 김처럼 섬유소가 많은 음식을 먹는 것도 필요해.

바이오큐브 그렇군.

바이오캔 이제 음식이 우리 몸에서 어떤 작용을 하고 어떻게 소화되고 흡수되는지 잘 알았지?

바이오피어 오케이!

바이오캔 자, 다음 장에서는 우리가 음식물로 섭취해 소화시키며 흡수한 영양소를 우리 몸 구석구석으로 공급하는 혈액에 대해 공부해보자고.

3 혈액

바이오큐브 피와 혈액은 같은 말이야?

바이오캔 같은 말이지. 피를 다른 말로 혈액이라고 해. 사람 몸속에는 많은 양의 피가 흘러. 혈액은 고체 성분인 혈구와 노르스름하게 보이는 액체 성분인 혈장으로 나누어 지지. 그리고 혈구에는 적혈구, 백혈구, 혈소판, 혈장 같은 것들이 있어.

바이오큐브 적혈구는 뭐지?

바이오캔 적혈구는 가운데가 움푹 들어간 원반 모양의 생김새야. 적혈구 성분 안에는 헤모글로빈이라는 빨간색 색소가 있는데, 피가 빨갛게 보이는 건 바로 헤모글로빈 때문이지. 헤모글로빈은 산소가 많은 곳에서는 산소들과 결합하고 산소가 적은 곳에서는 산소를 내놓는 성질이 있어.

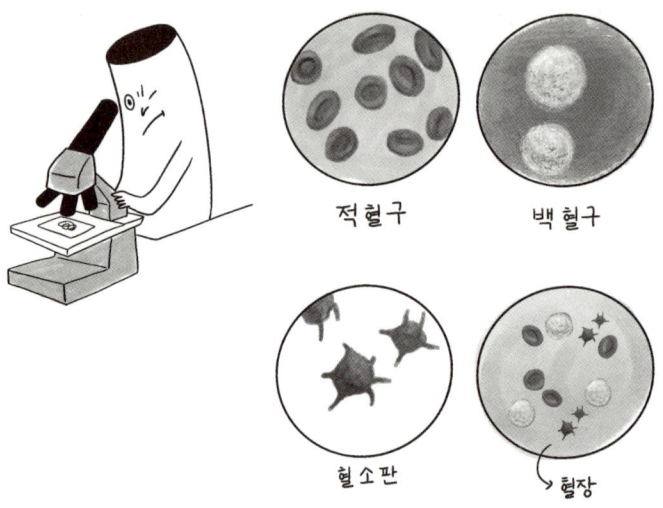

바이오큐브 백혈구는 뭐지?

바이오캔 백혈구는 핵을 가지고 있고 몸속에 들어온 세균을 잡아먹어.

바이오피어 혈소판은?

바이오캔 혈소판은 불규칙한 모습을 하고 있으며 몸에 상처가 났을 때 피를 굳게 하여 출혈을 막아줘.

바이오피어 그럼 혈장은?

바이오캔 혈장은 혈구가 떠다니는 액체 성분이야. 혈장의 90%는 물이며 무기염류, 비타민, 포도당, 단백질 등의 영양소를 녹여서 몸 전체로 운반해 몸에 생긴 노폐물을 허파나 신장으로 보내는 역할을 해.

바이오피어 사람 몸속 핏줄의 전체 길이는 얼마나 되지?

바이오캔 사람 몸속 핏줄의 전체 길이를 더하면 12만 킬로미터야. 이는 지구 둘레의 세 배 정도이지.

바이오피어 엄청 길군.

바이오캔 이번에는 피를 움직이게 하는 심장에 대해 알아볼까?

바이오큐브 심장은 크기가 어느 정도지?

바이오캔 사람의 심장은 주먹만 한 크기로 가운데서 약간 왼쪽으로 치우쳐져 있어. 그리고 심장은 네 개의 칸으로 나뉘어져 있지.

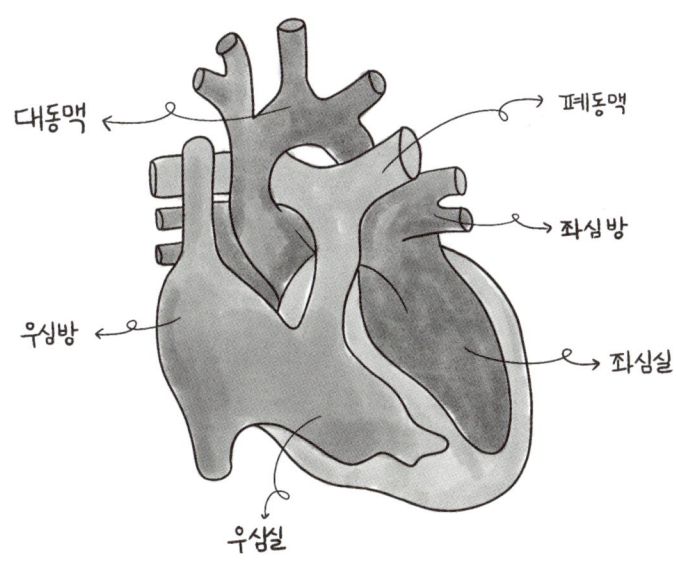

심장으로 들어오는 피를 받는 부분을 심방이라고 하고 피를 심장 밖으로 내보내는 곳을 심실이라고 불러. 심방과 심실, 심실과 동맥 사이에는 판막이 있어 피가 한쪽으로만 흐르게 하지. 심장은 규칙적으로 수축했다, 팽창했다 하면서 피를 내보내거나 받아들이는데, 이 규칙적인 운동을 박동이라고 불러.

바이오큐브 피가 어떻게 온몸을 통해 흐르지?

바이오캔 심장과 연결되어 있는 혈관은 동맥과 정맥이야. 동맥은 심장에서 피가 나가는 혈관이고 정맥은 피가 심장으로 들어가는 혈관이지. 피의 순환은 다음과 같아. 온몸을 돌고 들어온 피는 대정맥을 통해 우심방으로 들어오고 우심방이 수축할 때 우심실로 보내어지지. 우심실이 수축하면서 폐동맥을 통해 허파로 들어간 피는 허파 속의 모세혈관을 지나면서 이산화탄소를 버리고 산소를 받아들여. 그리고 폐정맥을 통해 좌심방으로 돌아와 좌심실로 보내어지고 대동맥을 통해 온몸의 모세혈관으로 흐르지.

바이오피어 밥을 먹으면 왜 졸린 거지?

바이오캔 음식물이 위로 가면 혈액도 소화기관으로 몰리게 돼. 즉 위장으로 피가 몰리게 되면서 뇌로 흐르는 피의 양이 줄어들어 뇌의 활동이 둔해지면서 졸음이 오는 거야. 그리고 아침에 얼굴이 부으면 엄지손가락과 검지손가락 사이

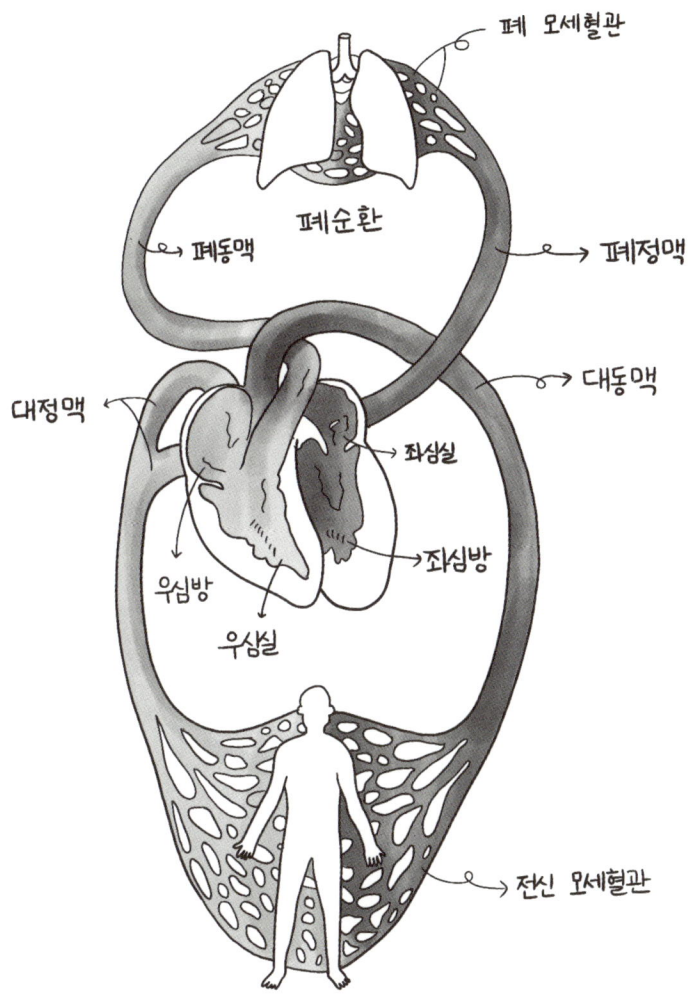

의 협곡혈을 10분간 누르면 돼.

바이오피어 그건 왜지?

바이오캔 붓는다는 몸속의 피가 잘 돌지 않아 그 부분에 피가 모여 있어 부어 보이는 현상이야. 그러므로 협곡혈을 눌러 주면 피의 순환이 잘 되어 붓기가 빠지게 돼.

바이오피어 발의 크기가 아침과 저녁에 달라지는 이유는 뭐지?

바이오캔 밤에는 피가 아래로 몰려 발이 커지기 때문이야. 반대로 아침에는 발에 있던 피가 다른 곳으로 퍼져 발이 작아지지.

바이오피어 그렇군.

바이오캔 이번에는 예방접종에 관한 이야기를 해볼게.

바이오피어 예방 주사를 말하는 거지?

바이오캔 맞아. 매년 독감이 유행하기 전에 미리 예방 주사를 맞잖아. 그럼 예방 주사는 언제부터 시작되었을까?

바이오피어 글쎄.

바이오캔 예방 주사를 처음 알아낸 사람은 영국의 생물학자 제너야. 제너는 1749년 영국의 버클리에서 태어났어. 제너는 어려서부터 자연을 좋아하고 특히 생물을 관찰하는 것을 좋아했지. 예방 주사 얘기를 하기 전에 제너가 살았던 시대에 대해 먼저 말해줄게.

바이오피어 알겠어.

바이오캔 제너가 태어나기 전부터 유행한 천연두는 수많은 사람의

에드워드 제너(Edward Jenner, 1749-1823, 영국의 의사)

목숨을 빼앗은 아주 무시무시한 질병이었어. 천연두에 걸리면 온몸이 불덩어리가 되고 여기저기 고름이 생기는데 한 번 천연두에 걸리면 다섯 명 중 한 명이 죽거나 설령 살아남는다 해도 곰보로 평생을 살아가야 했지. 18세기의 유럽에서는 100년 동안 천연두로 6천만 명이나 사망했고, 유명한 프랑스의 왕 루이 15세도 이 병으로 죽었지. 강한 위력을 지녔던 천연두는 사람들을 공포로 몰아넣었어. 그러던 중 천연두에 걸렸다 살아남은 사람들은 다시 천연두에 걸리지 않는다는 걸 알게 됐어. 그래서 사람들은 한 번 천연두에 걸렸던 사람은 다시는 걸리지 않는다고 믿게 되었어. 그래서 천연두에 걸린 사람의 고름을 건강한 사람의 피부나 콧구멍에 넣는 일이 많았지. 그런데 이 방법은 그리 좋은 방법이 아니었어. 천연두로 인한 고름을 바른 사람이 천연두에 걸리거나 다른 사람들에게 천연두를 전염시키는 일들이 발생했거든.

바이오피어 그렇게나 오랜 시간 천연두 치료법이 없었던 거야?

바이오캔 무시무시한 천연두를 막는 방법은 사실 아주 오래전부터 연구되었어. 10세기 후반에 중국의 왕단은 자신의 아들이 천연두로 죽자 많은 상금을 내걸고 천연두의 치료법을 찾았는데 한 선인이 와서 그 치료법을 알려주었지. 그가 알려준 방법이 바로 천연두에 걸렸지만 죽지 않았거나 가볍게 천연두를 앓고 있는 사람의 고름을 모아 병에 한 달간 보관한 다음 이를 가루로 만들어 환자의 콧속에 넣는 방법이었지. 이 방법 역시 앞에서 얘기한 것처럼 부작용이 많았어. 하지만 이 방법은 인도를 거쳐 터키에 전파되었는데 터키 사람들은 이 방법을 '인두법'이라고 불렀어. 그 당시로서는 인두법 외의 다른 방법이 없었기 때문에 천연두에 걸린 환자는 대체로 인두법으로 치료를 받았지. 그러던 중 1716년 터키에 살고 있던 영국 대사 몬테규는 인두법을 천연두에 걸린 자신의 아이들에게 사용했고, 천연두의 공포에서 벗어날 수 있었지. 이 일로 인두법은 영국 왕실이 인정하는 천연두 예방법이 되었어.

인두법의 시행은 천연두로 죽는 사람을 10분의 1 정도로 줄일 수는 있었지만, 오히려 천연두가 사람을 통해 더 많은 사람에게 퍼지는 문제가 발생했지. 그래서 완전하게 천연두를 치료하고 천연두가 퍼지는 것도 막을 수 있는 새로운 치료법이 필요했지.

바이오피어 인두법이 치료법은 아니었으니까.

바이오캔 이제 제너의 이야기를 해볼게. 제너는 어릴 때부터 의사가 꿈이었어. 당시 의사가 되기 위해서는 열세 살부터 경험이 풍부한 의사 밑에서 수련을 받은 후에 의학대학에 들어가 2년 정도 공부해야 했지. 제너는 소드베리라는 작은 마을에 사는 한 의사로부터 수련을 받은 후 런던의 성 조지 병원에서 의학 공부를 했어. 의사가 된 제너는 좀 더 확실하게 천연두를 막을 방법이 없을까 고민했지. 성 조지 병원에서 공부를 마친 제너는 1775년 의사자격을 얻어 고향으로 돌아왔고 소드베리에 병원을 개원했어. 그는 꾸준히 천연두에 관심을 기울이던 중 1776년 어느 날, 농장에서 우유를 짜는 여자가 진찰받으러 왔어. 제너는 그녀와 천연두에 관해 이야기하다가 그녀로부터 소젖을 짜는 여자들은 천연두에 걸리지 않는다는 얘기를 듣게 되었지. 이후 소젖을 짜는 여자들을 유심히 살펴본 결과 제너는 그들에게는 천연두로 생긴 곰보가 없다는 것을 알게 되었어. 제너는 왜 소젖을 짜는 사람들이 천연두에 잘 걸리지 않는지 궁금했어. 그날 이후 매일 소를 상대하는 이들을 접하며 그들이 우두(천연두와 비슷한 소의 피부병)에 걸리는 것과 관계가 있다고 생각하게 됐지. 그 후 제너는 여러 사례를 접했고 소로 인해 우두에 걸렸던 사람들은 가벼운 증상만 보이다가 금방 회복하는 데다 완치된 이후 다시 우두에 걸리거나 천연두에 걸리지 않는다는 것을 알게 되었어. 제너는 사람들에게 소젖을 짜는 여자들이 천연두에 걸리지 않는다는 얘기를 들려주었는데, 놀랍게도 많은 사람이 이미 그 사실을 소문을 통해 알고 있었지. 그래서 제너는 이런 가설을 세우게 되었어.

"우두에 걸린 사람은 천연두에 걸리지 않는다."

하지만 제너는 혹시 자신의 가설이 틀릴지도 모른다는 생각 때문에 이 가설을 실험하지는 못했어. 그렇게 세월이 흘러 1796년이 되었어. 물론 제너는 그때까지도 우두가 천연두를 막아줄 것이라는 믿음을 버리지 않았지. 제너는 더 이상 미룰 수 없어 스승인 존 헌터 박사에게 고민을 털어놓았어. 그러자 존 헌터 박사는 "자네는 왜 생각을 실험으로 옮기지 않는가?"라고 나무라셨지. 스승의 말에

제너는 용기를 내어 이 가설을 실험해 보기로 결심했지. 제너의 첫 번째 실험 대상은 예순두 살의 존 필립이라는 허드렛일을 하며 살아가는 노인이었어. 그는 아홉 살 때 우두에 걸린 적이 있었지. 제너는 천연두 환자의 상처에서 뽑아낸 고름을 노인의 팔에 주사했지. 노인은 어깨가 조금 아프다고 할 뿐 천연두 증세는 나타나지 않았어. 노인의 증상을 확인한 제너는 이번에는 우두에 걸린 적이 없는 사람에게 우두를 접종한 뒤 천연두를 접종하는 실험을 해보기로 했어. 이 실험은 1796년 5월에 이루어졌는데, 제너는 우두에 걸린 사라 넬무즈의 손에 난 수포에서 고름을 뽑아내 여덟 살 소년인 제임스 핍스의 팔에 작

은 상처를 두 개 내고 그 상처에 넬무즈에게서 채취한 고름을 조금씩 묻혔지. 소년은 가벼운 우두 증상을 보였고 일주일 동안 열이 조금 나더니 곧 나았어. 그리고 6주 뒤인 7월 1일 제너는 용기를 내어 소년의 팔에 천연두를 접종했어. 만일 제너의 가설이 틀렸다면 소년은 목숨을 잃을지도 모르는 상황이었지. 제너는 매일매일 소년을 관찰했어. 다행히 소년에게 천연두 증상은 전혀 나타나지 않았어. 이것으로 제너는 자신의 가설이 옳았음을 증명했지. 즉, 우두가 천연두를 막을 수 있는 면역 역할을 한다는 것을 발견한 거지. 이를 계기로 제너는 천연두와 증상이 비슷한 우두를 '소의 천연두'라고 불렀지. 하지만 소년 핍스의 경우는 예외적일 수도 있었기에 제너는 다시 한번 실험하기로 했어. 그로부터 2년 후 제너는 한 고아원에서 우두에 걸린 다섯 명의 아이에게 천연두를 접종해 보았지. 물론 아이들 모두 천연두의 증상이 나타나지 않았어. 그제야 제너는 우두의 접종이 천연두를 예방한다는 확신을 얻게 되었지. 이처럼 우두를 접종해 천연두를 예방하는 방법을 '종두법'이라고 해.

바이오피어 제너가 드디어 천연두를 예방할 수 있는 방법을 찾았네.

바이오캔 제너는 우두 접종이 천연두를 예방할 수 있다는 실험 결과를 왕립학회에 논문으로 제출했어. 하지만 학회는 사람의 병이 소의 병과 관련 있다는 것은 말도 안 된다며 제너의 논문을 인정해 주지 않았어. 무엇보다 사람의 핏속에 동물에게 뽑아낸 물질을 주입한다는 것은 매우 구역질 날 정도로 더러울 뿐 아니라 신에 대한 도전이라는 이유에서였지. 심지어 동료 의사들조차도 제너의 천연두 예방법에 반대하기 시작했어. 하지만 상황은 점점 더 나빠졌지. 사람들 사이에서는 우두를 접종하면 머리에 소뿔이 자란다거나 사람이 소로 변한다는 말도 안 되는 소문까지 돌기 시작했으니까. 그렇지만 제너는 비록 우두가 소로부터 채집된 것이지만 사람의 병을 고치는 데 필요하다면 사용해야 한다는 생각을 굽히지 않았어. 오히려 천연두를 막을 수 있는 종두법을 많은 사람에게 알려야 한다는 생각에 직접 논문을 출판하기로 결심했지. 그리고 하루에 300회 정도 돈이 없는 사람들에게 무료로 우두를 접종해 주었어. 그의 이러한 노력으로 천연두로 고생하는 사람들의 수가 점점 줄어들게 되었지. 마침내 인류는 천연두의 공포로부터 완전하게 벗어날 수 있게 되었어.

바이오큐브 우리가 천연두로부터 해방된 건 제너가 실패를 두려워하지 않고 많은 이들을 천연두로부터 지키겠다는 의사로서의 의지가 있었기 때문이네.

바이오캔 맞아. 건강한 사람들의 몸에 천연두를 주입했던 제너의 도전이 결국 천연두를 지구에서 사라지게 했지.

바이오피어 대단하군.

바이오캔 어때? 피가 사람은 물론이고 동물에게도 얼마나 중요한 존재인지 잘 알겠지?

바이오큐브 물론이야.

바이오캔 다음 장에서는 일상생활에서 잠시도 멈출 수 없는, 즉 공기를 들이마시고 내쉬는 모든 과정을 이르는 호흡과 호흡 과정에서 생기는 여러 노폐물을 밖으로 내보내는 배설에 대해 알아보자.

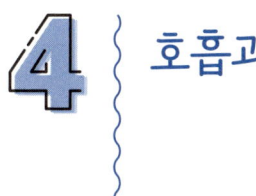

호흡과 배설

바이오큐브 호흡이 뭐지?

바이오캔 숨을 쉬는 것을 한자어로 호흡呼吸이라고 해.

바이오피어 그럼 어떤 기관으로 호흡하지?

바이오캔 코, 기관, 기관지, 허파.

바이오피어 호흡이 일어나는 과정을 설명해 줘.

바이오큐브 그건 내가 알아. 숨을 들이쉬면 공기 중의 산소가 코, 기관, 기관지를 거쳐 허파로 들어가. 기관이나 기관지에는 많은 섬모가 있고 끈끈한 물질로 뒤덮여 있어 함께 들어온 먼지나 세균을 걸러내는 역할을 하지.

바이오피어 그럼 허파는 어떤 역할을 하는데?

바이오캔 코를 통해 몸속으로 들어온 산소를 공급하는 역할을 해. 허파에는 작은 주머니 모양의 허파꽈리가 많이 있는데,

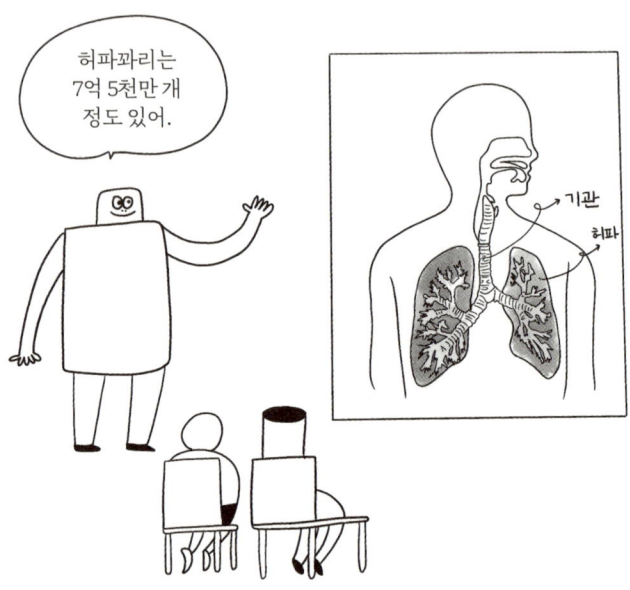

보통 허파꽈리의 개수는 7억 5천만 개 정도야. 허파로 들어온 산소는 이 허파꽈리를 통해 모세혈관을 지나 혈액으로 들어가는 거지. 허파꽈리는 모세혈관으로 둘러싸여 있거든.

바이오큐브 허파는 숨을 들이쉬고 내쉬는데 필수기관이지.

바이오피어 딸꾹질은 왜 생기지?

바이오캔 딸국질의 원인은 몸을 가슴과 배로 나누고 있는 횡격막에 있어. 막이라고는 하지만 실은 튼튼한 근육이 붙어 있어 숨을 쉴 수 있도록 하는 역할을 하고 있지. 심호흡하여 숨을 들이마시면 가슴과 함께 배도 부풀어 올라. 숨을 점점 내뱉으면 반대로 배가 홀쭉해지지. 그때 횡격막이 올라갔다 내려갔다 하거든. 이와 같은 횡격막의 운동은 뇌에서 신경을 통해 그 근육에 명령이 내려지기 때문이야. 그런데 이 명령의 타이밍이 맞지 않으면 급작스레 횡격막이 오그라들어서 돌연히 숨을 들여 마시게 되며 묘한 소리가 나오게 되는데, 이것이 딸꾹질이야. 딸꾹질을 2년 동안 멈추지 않은 여자도 있어.

바이오피어 정말?

바이오캔 미국의 루시 맥도날드는 1963년부터 1965까지 2년 동안 딸꾹질을 한 기록이 있어.

바이오피어 2년 동안이나 딸꾹질을 하다니……. 너무 힘들었겠다.

바이오큐브   산소는 왜 마셔야 하는 거지?

바이오캔   달에서 불이 붙니?

바이오큐브   산소가 없으니까 안 붙지.

바이오캔   그래 물질이 타려면 산소가 있어야 해. 우리 몸속에서 산소가 하는 역할이 물질을 태울 때 산소가 하는 역할과 같아. 우리가 음식을 먹으면 그중 쓸모없는 것은 밖으로 나가고 영양소만 몸에 남지. 그런데 이 영양소들을 태워서 에너지를 얻어야 해. 그러기 위해서는 산소가 필요하지. 그러니까 산소가 없으면 살 수 없는 거야. 영양소와 산소가 몸속에서 합쳐지면 우리가 살아갈 수 있는 에너지가 나오고 물과 이산화탄소도 나와. 이 중 이산화탄소는 우리 몸에 필요가 없으니까 다시 몸 밖으로 나가는 거지.

바이오피어   식물도 숨을 쉬나?

바이오캔   사람과 동물들은 산소를 마셔 에너지를 얻고 그 결과 만들어지는 이산화탄소를 밖으로 내보내. 하지만 식물은 이산화탄소를 마셔 그 결과 에너지를 만들어 내고 산소를 밖으로 내보내지.

바이오큐브   반대네.

바이오캔   사람은 환기가 안 되는 공중전화 부스에 갇히면 45분 정도만 살 수 있어. 부스 안의 산소의 양이 사람이 45분 정도 호흡할 수 있는 양이거든.

바이오큐브 밀폐된 방에서 불을 피우면 위험하다는데, 그건 왜지?

바이오캔 물질이 타면 공기 중의 산소가 줄어드니까. 그래서 밀폐된 방에서 불을 피우면 산소부족으로 죽게 돼. 차 안에서 히터를 켜고 자는 것도 아주 위험하지.

바이오큐브 배설이 뭐지?

바이오캔 캠프파이어를 생각해 봐. 장작을 태우면 뭐가 남지?

바이오큐브 재가 남지.

바이오캔 그걸 어떻게 하지?

바이오큐브 당연히 버려야지.

바이오캔 마찬가지야. 우리가 먹은 음식들은 호흡함으로써 우리가 활동할 수 있는 에너지를 주지. 이때 쓸모없는 것들이 생기는데, 그것을 노폐물이라고 불러. 이렇게 생긴 노폐물을 몸 밖으로 내보내는 것을 배설이라고 불러.

바이오큐브 어떤 노폐물들이 생기는데?

바이오캔 탄수화물과 지방은 노폐물로 이산화탄소와 물을 만들어. 이산화탄소는 허파로 보내어져 숨을 내쉴 때 코를 통해 몸 밖으로 빠져나가지. 한편 물은 몸에서 계속 사용되거나 오줌이나 땀으로 몸 밖으로 나가고. 단백질은 산소와 결합하여 잘게 부수어져 아미노산이 되는데, 이때 물, 이산화탄소, 암모니아 같은 노폐물이 생겨. 독성이 아주 강한 암모니아는 간에서 독성이 적은 요소로 바뀌는데 물과 요소는 피에 의해 콩팥으로 운반되어 오줌을 통해 배설되지.

바이오피어 콩팥이 하는 일은 뭐지?

바이오캔 콩팥은 척추의 양쪽에 위치하고 강낭콩 모양을 한 배설기관이야. 콩팥에는 많은 말피기소체가 있는데, 말피기소체는 모세혈관이 실타래처럼 뭉쳐 있는 사구체와 이를 받치고 있는 컵 모양의 보먼주머니로 이루어져 있어. 콩팥으로 들어온 피는 말피기소체를 지나면서 걸러지지. 그러니까 말피기소체는 깨끗한 물을 걸러내는 정수기와 같아. 이 과정에서 핏속에 있는 영양소와 물, 요소 등은 세뇨관으로 빠져나오지. 세뇨관에서 대부분의 물과 영양소는 흡수되고 남아있는 물과 요소는 오줌이 되지. 오줌

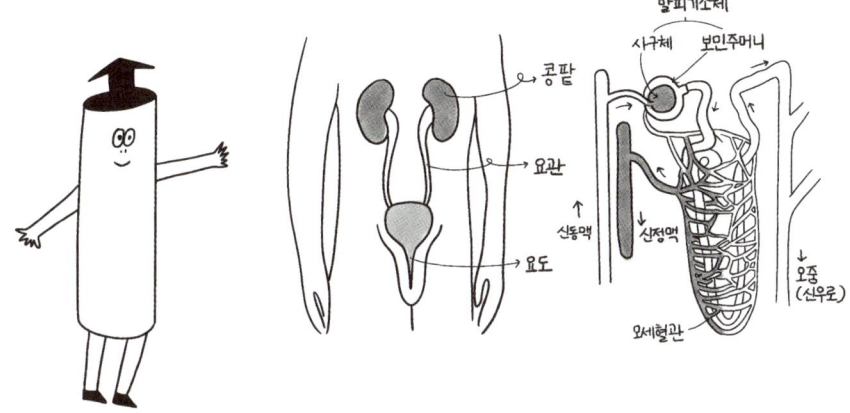

은 수뇨관을 따라 내려가 방광에 저장되어 있다가 요도를 통해 밖으로 배설돼.

바이오큐브 방광에 채울 수 있는 오줌의 양은 어느 정도지?

바이오캔 사람에 따라 달라. 어른의 경우 방광에 채울 수 있는 오줌의 양은 500밀리리터에서 750밀리리터 정도야.

바이오큐브 신생아의 똥은 검은 녹색이라는데, 왜지?

바이오캔 태아가 엄마의 자궁 속에 있을 때 마신 양수 중에서 소화가 안 되고 남은 물질이 검은 녹색이기 때문이야.

바이오큐브 쌀밥과 나물만 먹는 사람보다 고기만 먹는 사람의 오줌 냄새가 더 독하다는 데 사실이야?

바이오캔 사실이야. 고기에는 단백질이 많아서 오줌 속에 요소가 많아지기 때문에 독한 냄새가 나지.

바이오큐브 설사가 나면 어떻게 해야 해?

바이오캔 큰창자에는 수많은 대장균이 살고 있어. 이 대장균들이 잘 부서지지 않는 음식을 분해하는데 그 수가 너무 많으면 설사가 되지. 건강한 사람은 하루에 대장으로 가는 수분이 2.5리터 정도고 그중에서 2.4리터 정도의 물을 큰창자가 흡수해. 그런데 작은창자에 이상이 생기면 하루에 7 내지 8리터의 물을 큰창자가 흡수하게 되는데, 큰창자가 흡수할 수 있는 최대 수분의 양은 5.7리터이므로 나머지는 대변으로 나가는 게 바로 설사야. 이렇게 자꾸 수분이 빠져나가므로 설사 때는 탈수를 막기 위해 수분을 공급해 주는 것이 좋아. 그러므로 설사가 심할 때는 섬유소가 적은 음식을 먹어야 해. 즉 미역이나 김과 같이 섬유소가 많은 음식은 삼가야 하고.

바이오큐브 그렇군.

바이오캔 다음 장에서는 우리 몸을 보호하는 가장 큰 기관인 피부와 신경세포를 활성화하거나 자극하여 일어나는 의식 현상인 감각에 대해 알아볼 거야.

5 피부와 감각

바이오캔 먼저 피부가 하는 일을 알아볼까? 피부는 우리 몸의 가장 바깥쪽을 둘러싸고 있어. 그리고 질긴 조직으로 되어 있어서 보호막 역할을 하지.

바이오큐브 구체적으로 어떤 역할을 하지?

바이오캔 몸속의 수분이 밖으로 나가는 것을 막아주고 세균이 몸 안으로 들어오지 못하게 해주지.

바이오피어 땀은 왜 나는 거지?

바이오캔 피부에는 땀구멍이 있어. 그 구멍을 통해 수분이 밖으로 나가는 게 땀이야.

바이오피어 왜 수분을 내보내는 거지?

바이오캔 체온 조절을 위해서야. 그러니까 운동을 하거나 날이 너무 더워 우리 몸에 열이 많아지면 체온이 계속 올라가서

위험해진단 말이야. 그래서 땀을 통해 수분과 몸에 불필요한 찌꺼기를 밖으로 내보내면서 체온을 내리게 되는 거지.

바이오피어 또 피부가 하는 일은 뭐지?

바이오캔 피부에는 감각 신경이 퍼져 있어. 그래서 외부의 자극으로부터 차가움, 뜨거움, 아픔 등의 감각을 느끼게 되는 거지.

바이오큐브 피부가 하는 일이 많네.

바이오캔 하나 더 있어.

바이오피어 뭐지?

바이오캔 입으로만 숨을 쉬는 게 아니라 피부로도 숨을 쉬거든. 이걸 피부호흡이라고 해.

바이오큐브 우리는 어떻게 맛을 느끼지?

바이오캔 혀가 있으니까. 혓바닥의 표면에는 좁쌀 같은 돌기들이 수없이 많이 나 있어. 이것이 맛을 알아차리는 미뢰라는 것이지.

바이오큐브 혀에서 맛을 느끼는 부분이 다르다고 하는데, 사실이야?

바이오캔 맞아. 혀의 앞부분은 단맛을, 혀 안쪽에서는 쓴맛을, 혀의 양옆에서는 신맛을, 그리고 짠맛은 혀 전체에서 느낄 수 있지.

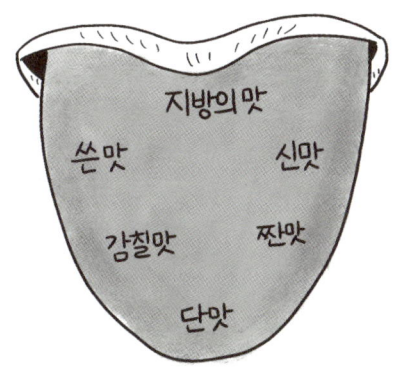

바이오큐브 그래서 아이스크림을 혀끝으로 살살 녹여 먹는 거군.

바이오캔 일리 있는 말이야.

바이오피어 그럼 매운맛은 어디서 느끼는 거야?

바이오큐브 매운맛은 맛이 아니야.

바이오캔   맞아. 살을 꼬집으면 아프지? 그런 것처럼 매운 음식이 혀에 닿으면 혀가 아파하는데 그걸 '맵다'라고 하는 거야.

바이오피어   우리는 어떻게 아프다는 걸 느끼는 거지?

바이오캔   뇌가 있기 때문이야.

바이오피어   뇌가 어떤 일을 하는데?

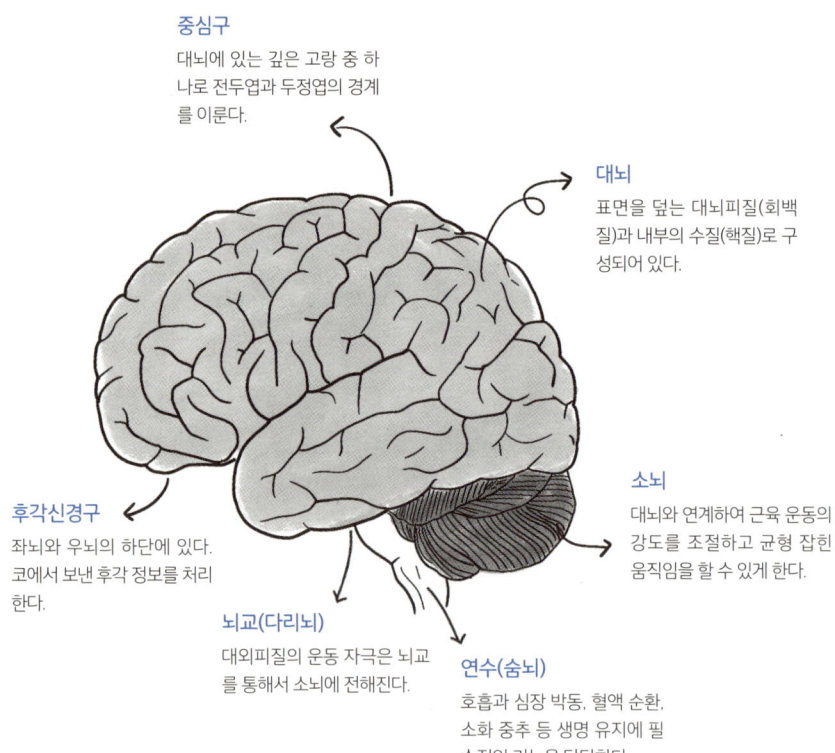

바이오캔	우리 몸은 복잡한 신경들로 연결되어 있어. 신경은 여러 가지 감각에서 전달된 정보를 피부로부터 받아 뇌에 연결해 주지. 그럼 뇌는 신경에 어떤 명령을 전달하여 외부의 자극으로부터 우리 몸이 반응하게 만들어.
바이오피어	아주 중요한 역할을 하는군.
바이오캔	물론.
바이오큐브	신경을 통해 정보가 전달되는 속도는 얼마지?
바이오캔	초속 100미터 정도야.
바이오큐브	우와! 엄청 빠르군.
바이오피어	휴대전화 진동은 머리 위에서 못 느낀다는데 사실이야?
바이오캔	진동을 느끼는 감각은 근육층에 주로 분포되어 있어. 그런데 머리 위 정수리 부분은 근육이 없으므로 머리 위에서는 휴대전화의 진동을 못 느끼지.

바이오큐브   공포를 느끼면 왜 체온이 올라가지?

바이오캔   공포를 느끼면 교감 신경이 흥분하는데, 이때 맥박이 빨라지고 호흡이 가빠지면서 근육이 긴장되는 등 여러 가지 대사활동이 빨라져. 이런 효과들이 체온을 올리는 역할을 하지.

바이오피어   유성 매직펜을 오랜 시간 사용하면 두통이 생기는 이유는 뭐지?

바이오캔   기름 성분이 공기 중에 날아가면서 특유의 냄새가 나는데, 오랜 시간 냄새를 맡게 되면 뇌신경을 자극하기 때문이야. 어린이들은 발작할 수도 있어.

바이오피어   사람이 기절하는 이유는 뭐지?

바이오캔   사람이 정상적으로 활동을 하려면 온몸에 산소가 충분히 공급되어야 해. 특히 뇌에 적당한 양의 산소가 공급되지 않으면 몸을 제대로 가눌 수가 없게 되니까. 그런데 사람이 너무 흥분하거나 충격을 받으면 숨이 가빠지고 이에 따라 핏속에 산소가 갑자기 늘어나게 돼. 그러면 뇌는 산소가 갑자기 많이 들어오는 것으로 여기고 산소를 줄이기 위해 혈관을 오므리게 되지. 이렇게 뇌가 잘못 판단해서 혈관을 오므리면 순간적으로 몸속에 산소가 부족해져 뇌의 활동이 잠시 멈추게 되는데, 그게 바로 기절이야. 기절은 갑자기 아픔을 느꼈을 때나 무서운 것을 보았을 때,

혹은 충격적인 일을 당했을 때, 몸에 수분이 부족했을 때, 심하게 굶었을 때 일어날 수 있어. 기절했을 때 뇌에 산소가 부족해지는 시간이 오래 지속되면 뇌세포가 파괴되어 뇌에 손상이 올 수도 있어. 하지만 대부분의 사람은 기절한 후 몇 분 내로 깨어나는 경우가 많지.

바이오큐브 왜 맛있는 음식을 보면 침이 나오지?

바이오캔 맞아. 맛있는 음식은 먹지 않고 보거나 상상만 해도 입에 침이 고이지. 그건 혀 아래의 침샘이라는 곳에서 나오는 침 때문이야. 음식물이 입 안으로 들어오면 저절로 이 침샘에서 침이 나오게 되거든.

또 음식물이 없더라도 뇌에서 명령하면 침샘이 작용해서 침이 나와. 즉, 상상만 해도 침이 나오는 것은 음식물이 입에 들어올 때마다 침샘에서 침을 만들어 내는 일을 계속하다 보니 맛있는 음식을 떠올리기만 해도 뇌가 그것을 알고 침을 만들어 내라는 명령을 하는 거야. 이러한 우리 몸의 반응을 조건 반사라고 하지. 이것은 어떤 조건이 만들어지면 몸이 저절로 행동하는 것을 말해. 조건 반사는 우리가 경험한 것을 반복적으로 익혀 몸에 익숙해진 것이라고 할 수 있어. 전화벨 소리를 들으면 전화가 왔다는 것을 알아차리는 것, 차가 빵빵거리며 비키는 것 등이 조건 반사라고 할 수 있지.

바이오피어 왜 내가 날 간질이면 간지럽지 않은 거지?

바이오캔 다른 사람이 겨드랑이나 발바닥을 간질이면 웃음이 나는 것을 참기 힘들지? 이처럼 우리가 간지럼을 탈 때 저절로 웃음이 나오는 것을 반사작용이라고 해. 몸이 내 마음과 상관없이 스스로 알아채고 행동하는 거지. 눈앞에 갑자기 무언가가 바르게 지나가면 나도 모르게 눈을 감게 되는 것이나, 무릎을 쳤을 때 발이 올라가는 것 등이 모두 반사작용이야. 그런데 자기가 자기 몸을 간질이려고 손가락을 움직이면 뇌가 간지러운 느낌을 먼저 예상하고 감각 반응을 취소하기 때문에 전혀 간지럽지 않지. 하지만 다른 사람으로부터 갑작스럽게 간질임을 당하면 뇌가 이것을 미리 알아채지 못하기 때문에 반응을 취소할 수 없어 웃음이 나는 거지.

바이오큐브 덥지도 않은데 땀이 나는 이유는?

바이오캔 신체는 섭취했던 수분을 여러 경로를 통해 다시 몸 밖으로 내보내. 일부는 호흡할 때 폐를 통해 수증기로 배출되기도 하고, 소변이나 대변, 땀을 통해 배출되기도 하지. 땀은 몸 안에 축적되어 있던 노폐물들을 내보내기도 하고, 피부가 건조해져서 벗겨지는 것을 막아주기도 해. 그렇지만 이런 땀이 아무 때나 난다면 정말 불편하겠지. 이처럼 특별한 원인 없이 얼굴, 손, 겨드랑이, 발에서 비정상적으로 땀이 많이 나는 것을 '다한증'이라고 해. 다한증 환자는 평소엔 아무렇지 않다가 긴장만 하면 손이나 발에서 심하게 땀이 나지. 땀을 조절하는 교감 신경이 과잉 반응을 보여서 나타나는 증상이야. 이럴 때는 땀의 분비를 조절하는 교감 신경 부분을 수술하게 되면 완치될 수 있지.

바이오큐브 그렇군.

바이오캔 다음 장에서는 우리 몸이 자극을 받으면 어떤 반응을 하는지 좀 더 자세히 알아보자.

6 자극과 반응

바이오캔   몸이 천 냥이라면 눈은 구백 냥이라는 옛말이 있어. 그만큼 눈은 우리 몸에서 중요한 역할을 하는 기관이지. 눈이 받아들이는 자극은 '빛'이야. 우리가 물체를 볼 수 있는 것도 물체에 반사된 빛이 눈에 들어오기 때문이지. 우리의 눈은 흔히 카메라에 비유해. 카메라의 각 부위 기능과 눈의 각 부위 기능이 비슷하기 때문이야.

바이오큐브   우리가 물체는 보는 원리는 뭐지?

바이오캔   예를 들어 꽃을 본다고 해봐. 꽃에서 반사된 빛은 각막을 통과하여 수정체로 가지. 수정체는 카메라의 렌즈와 같은 역할을 하는데 빛을 굴절시켜 망막에 상이 맺히게 해줘. 이때 빛이 강하면 동공을 작게, 빛이 적으면 동공을 크게 하는데 동공을 조절하는 기관이 홍채야. 빛은 수정

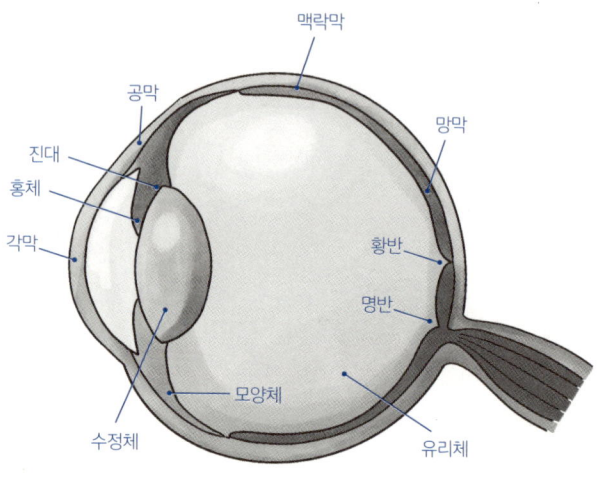

체를 통과하여 투명한 액체로 가득 차 눈의 형태를 유지하는 유리체를 지나 카메라의 필름과 같은 망막에 상이 맺히게 해. 망막에는 시세포가 있어 상이 맺힌 빛을 감지하고 그 자극을 시신경을 통해 대뇌로 보내게 되고 대뇌에서는 꽃을 본다고 인지하게 되는 거야.

바이오큐브 코는 어떻게 냄새를 맡아?

바이오캔 코는 사람에게 필요한 산소를 공급하는 첫 번째 문이고 사람 몸에 필요가 없는 이산화탄소를 몸 밖으로 내보내는 출구야. 코는 냄새를 맡는 역할, 소리를 낼 때 소리를 울리게 하는 역할을 하지. 콧속의 윗부분에 후각상피세포가 있어. 그 속에는 후세포가 있고 그와 연결된 신경세포는 무려 500만 개 이상이야. 후세포는 길쭉한 모양으로 끝부분에 감각털이 있으며 냄새를 감지하지. 냄새 자극을 받은 후세포는 후신경을 통해 대뇌에 전달돼 냄새를 맡는 거야.

바이오큐브 코감기에 걸리면 냄새를 잘 맡지 못하는데 왜 그렇지?

바이오캔 감기 때문에 생긴 콧물이 콧속 천장 벽에 쌓여서 냄새가 후세포를 자극하는 걸 방해한다든가 후신경의 일부가 염증을 일으켜 냄새를 맡는 기능이 약해졌기 때문이야.

바이오큐브 냄새를 맡는 것과 맛을 보는 것은 관계가 있어?

바이오캔 매우 밀접한 관계가 있어. 우리가 코감기에 걸렸을 때 맛있는 음식을 먹어도 맛을 제대로 느낄 수 없다는 점에서 충분히 알 수 있지.

바이오큐브 냄새와 맛은 어떤 관련이 있지?

바이오캔 맛있는 음식의 냄새를 맡으면 저절로 입에 침이 고일 때가 있지? 그것은 미리 소화 준비를 하는 단계야. 침뿐만 아니라 위액을 분비시키기도 하지. 혀는 단지 짠맛, 신맛, 쓴맛, 단맛밖에 느끼지 못해. 따라서 음식의 고유한 맛을 혼자 판별하기엔 무리가 있지. 음식이 맛있다고 느끼는 것은 혀의 맛뿐만 아니라 음식물의 냄새를 맡은 코 때문이기도 해. 그래서 코감기 등으로 냄새를 제대로 맡지 못할 때 음식의 맛을 제대로 알지 못하는 거야.

바이오피어 우리가 쓴 한약을 먹을 때 코를 막고 먹으면 덜 쓴 것과

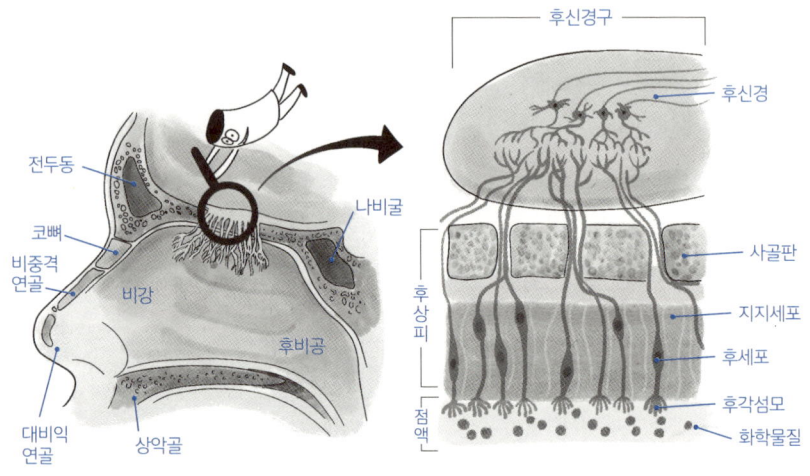

사람의 후각 수용기

	같은 것이군.
바이오캔	맞아. 그러나 음식을 먹기 전에도 냄새를 맡지만 음식을 먹고 난 후 음식 냄새가 코와 입 안을 연결하는 통로를 통해 후세포에 도달해 냄새를 감지하지.
바이오큐브	제자리를 돌고 나서 멈추면 왜 어지러울까?
바이오캔	귓속의 평형감각에 관여하는 세반고리관이라는 기관 때문이야. 귀는 소리를 듣는 기관이야. 사람이 들을 수 있는 소리의 주파수는 16Hz에서 20,000Hz 사이야. 그러나 귀는 소리뿐만 아니라 귀 안팎의 압력 조절, 몸의 평형조절을 해. 귀는 고막 바깥을 외이, 고막과 청소골, 유스타

키오관이 있는 곳을 중이, 달팽이관, 전정기관, 세반고리관이 있는 곳을 내이라고 해. 소리를 듣는 곳은 고막, 청소골, 달팽이관이고 평형감각은 세반고리관과 전정기관, 귀 내의 압력을 조절하는 곳은 유스타키오관이지.

바이오큐브 세반고리관이 무엇이지?

바이오캔 고막 안쪽에 위치한 반원형의 고리처럼 생긴 기관으로 세 개의 관이어서 세반고리관이라고 불러. 이 세반고리관은 회전감각을 감지해. 세반고리관 속에는 섬모, 그러니까 짧은 털을 가진 감각세포가 다발로 들어있어. 또 림프라는 액체 물질로 채워져 있어서 운동 방향이 바뀌거나 속력이 바뀔 경우 림프는 관성에 따라 움직이면서 감각모를 구부러지게 하여 감각세포를 자극하지.

바이오피어 림프가 관성 때문에 움직이면 제자리 돌기 때도 마찬가지겠군?

바이오캔 맞아. 우리가 제자리 돌기를 하면 세반고리관 안의 림프가 움직이면서 감각모를 건들며 자극하지. 그 후 갑자기 멈추게 되면 우리 몸은 멈춰있지만, 림프는 계속 돌고 있는 상태이므로 계속 자극을 주어 아직도 돌고 있다고 신호를 주게 돼. 그래서 우리는 아직도 돌고 있는 것처럼 어지러움을 느끼는 거지.

바이오피어 세반고리관 외에 평형감각에 관여하는 기관은 무엇이지?

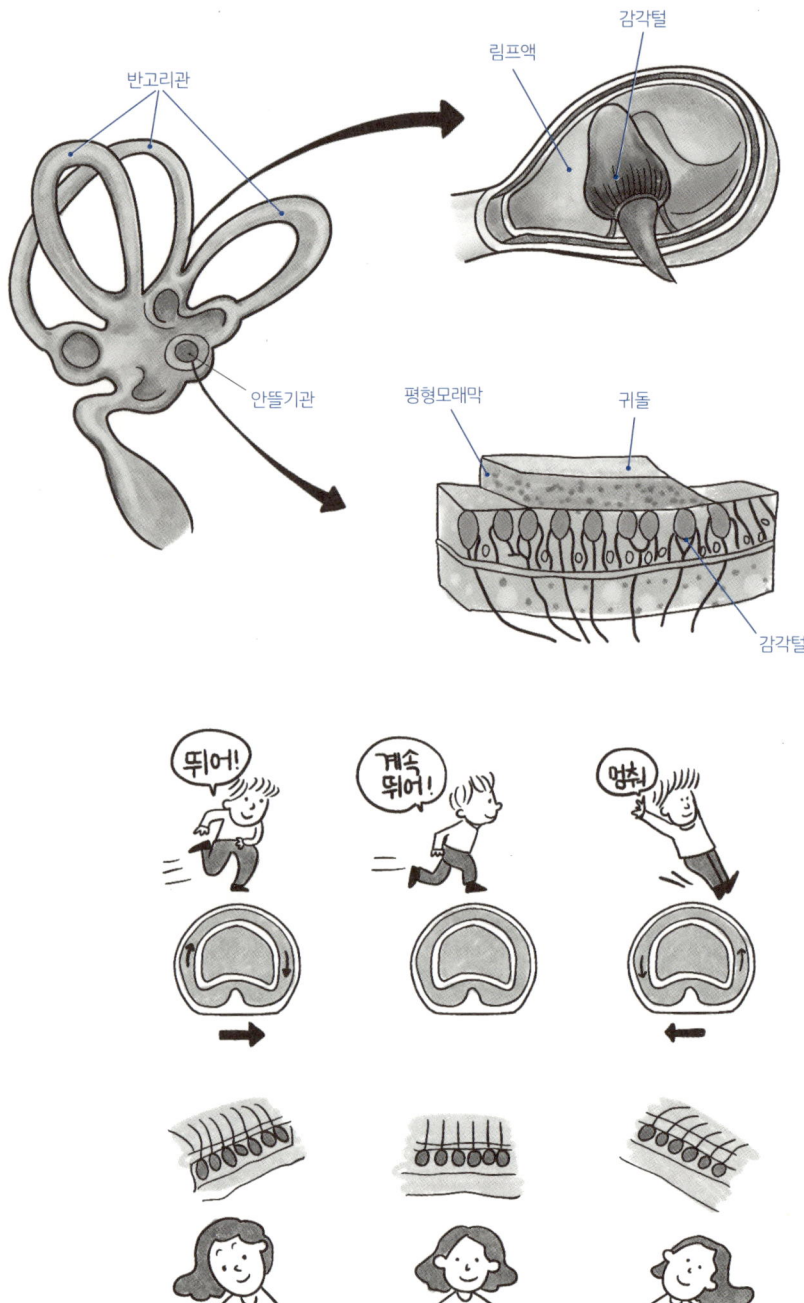

바이오캔   세반고리관과 붙어있는 전정기관이야. 세반고리관이 회전운동을 감지한다면 전정기관은 중력을 감지하여 몸의 위치를 알 수 있는 기관이야.

바이오피어   어떻게 중력을 감지하지?

바이오캔   전정기관에는 감각모를 가진 감각 세포층이 있는데 그 위에는 이석이라고 하는 석회질의 알갱이들이 놓여 있어. 몸이 기울어지면 중력에 의해 이석이 감각모를 구부러지게 하여 자극을 전달하는 거지. 평형감각은 다른 감각과는 달리 소뇌에서 감지하고 조절해.

바이오피어   달팽이관은 뭐지?

바이오캔   달팽이의 껍데기처럼 생긴 관으로, 그 속에 림프가 차 있고 귀의 안쪽에 위치해. 달팽이관은 뼈로 된 기둥을 중심으로 두 바퀴 반 정도 감겨 있어. 달팽이관 속의 림프가 움직이면 그 압력으로 소리를 듣는 세포를 자극하여 흥분을 일으키고 이 흥분이 신경에 의해 뇌에 전달되어 소리를 듣게 하지.

바이오피어   그럼, 피부는 어떤 부분을 담당해?

바이오캔   우리의 피부는 접촉이나 압력, 화학물질, 온도변화 등을 느끼는 등 여러 가지 일을 하지. 피부에는 촉각을 느끼는 촉점, 압력을 느끼는 압점, 여러 가지 통증을 느끼는 통점, 온도변화를 감지하는 온점과 냉점 등 감각점이 존해.

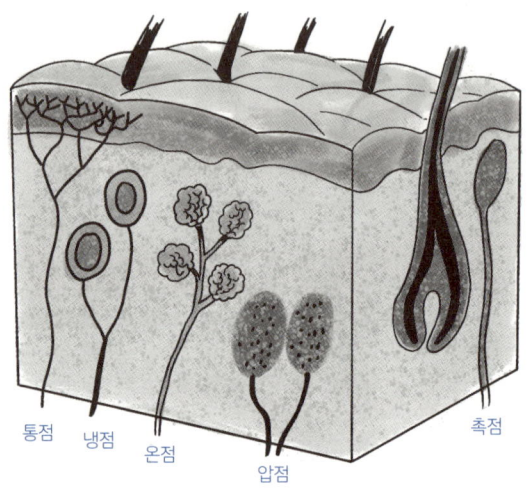

이 감각점은 피부에서의 위치, 생김새, 분포도가 제각각이야.

바이오피어 감각점 중에 어떤 점이 가장 많이 분포하지?

바이오캔 통점이 가장 많은데, 그 이유는 우리 몸의 손상을 막기 위해서지. 실제로 압력이 세거나 온도변화가 심할 때도 통각으로 느끼게 돼.

바이오캔 이번에는 신경계에 대해 알아보자. 신경계는 많은 신경세포로 이루어져 있어. 신경세포에는 뉴런이라고 하는 신호를 옮기는 가장 기본이 되는 세포가 있어. 일반적으로 신경세포라고 할 때는 뉴런만을 가리키기도 해. 뉴런은 신경세포체와 돌기로 이루어져 있어. 신경계는 신체 내부나 외부에서 들어온 자극을 감각기관으로부터 받아서 중추로 보내지. 중추는 근육, 분비선 등에 명령하여 자극에 대한 반응을 하게 하는 역할을 하는 기관을 통틀어 말하는 거야. 신경계는 뉴런이라는 신경세포로 우리 몸 구석구석 연결되어 있어. 뉴런은 다른 세포들과는 달리 정보 전달을 잘할 수 있

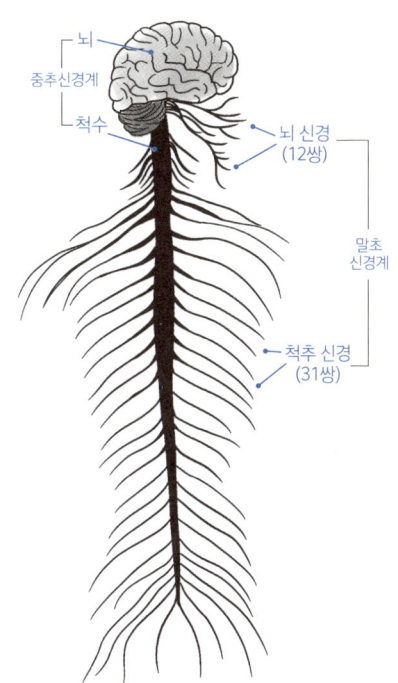

도록 생겼어. 신경계는 크게 중추신경계와 말초신경계로 나뉘는데 각각의 신경계는 위치와 역할에 따라 다시 여러 가지로 나누어지지.

바이오큐브   중추신경계는 뭐지?

바이오캔   중추신경계는 감각기관으로부터 들어온 모든 정보를 모아서 어떻게 반응하면 좋은지 판단을 내리는 곳으로써 크게 뇌와 척수가 있어. 먼저 뇌는 대뇌, 소뇌, 간뇌, 중뇌, 연수로 이루어져 있어. 대뇌는 감각과 운동의 중추이고 기억이나 판단 등 정신활동을 하는 곳이죠. 소뇌는 대뇌와 함께 운동을 담당하고 몸의 균형을 잡을 수 있게 해

주는 곳이야. 간뇌, 중뇌, 연수는 다른 말로 뇌간이라고도 하는데 뇌간을 다치면 목숨을 잃을 만큼 매우 중요한 기관이야. 왜냐하면 뇌간은 심장을 뛰게 하고 피가 흐르게 하며 소화기관에서 소화하고 모든 반사작용을 담당하는 곳이기 때문이지. 그리고 척수는 척추 안의 신경으로써 뇌와 온몸의 신경계를 연결해 주는 역할을 해. 말초신경계에서 받은 자극을 뇌로 올려보내 주고 뇌에서 받은 명령을 말초신경계로 전달해 주지. 하지만 척수는 단순히 신호를 전달해 주는 역할만 하는 것이 아니라 무릎반사나 땀 분비, 갓난아이의 배변, 배뇨를 담당하기도 해.

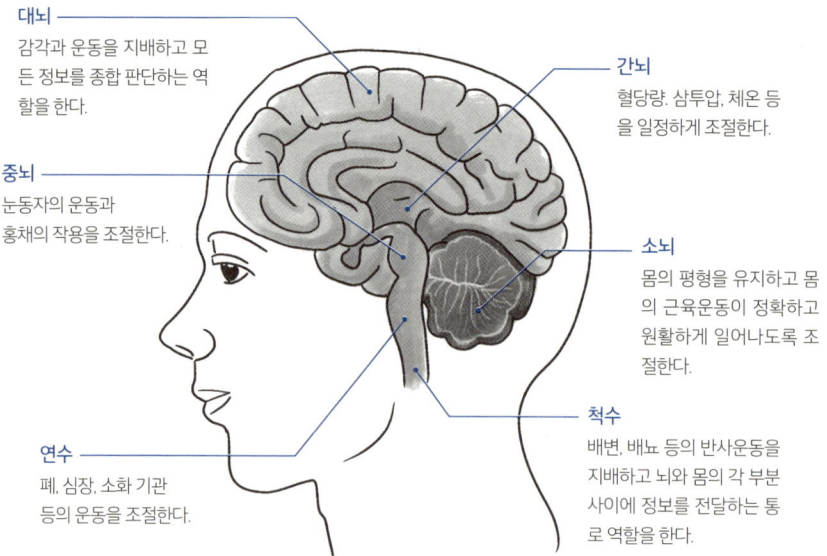

대뇌
감각과 운동을 지배하고 모든 정보를 종합 판단하는 역할을 한다.

중뇌
눈동자의 운동과 홍채의 작용을 조절한다.

간뇌
혈당량, 삼투압, 체온 등을 일정하게 조절한다.

소뇌
몸의 평형을 유지하고 몸의 근육운동이 정확하고 원활하게 일어나도록 조절한다.

연수
폐, 심장, 소화 기관 등의 운동을 조절한다.

척수
배변, 배뇨 등의 반사운동을 지배하고 뇌와 몸의 각 부분 사이에 정보를 전달하는 통로 역할을 한다.

바이오큐브   말초신경계는 뭐지?

바이오캔   말초신경계는 온몸의 조직이나 기관에 퍼져있는 신경을 말해. 척수를 통해 중추신경계와 연결되어 있지. 말초신경계는 크게 체성신경계와 자율신경계가 있어. 체성신경계는 감각기관과 운동기관에 연결된 신경계야. 대뇌의 명령을 받는 신경계이기 때문에 우리의 의지대로 활동할 수 있는 특징이 있지. 체성신경계에는 뇌에서 직접 갈라져 나온 뇌신경과 척수와 몸의 각 부분을 연결하는 척추신경으로 나눌 수 있어.

바이오큐브   자율신경계는?

바이오캔   자율신경계는 대뇌의 영향을 받지 않고 자율적으로 조절하는 신경계야. 이는 각종 내장과 혈관에 분포되어 있어 생명 유지에 필수적인 기능을 맡고 있어. 자율신경계에는 교감신경과 부교감신경이 있어. 이 둘은 한쪽이 활발해지면 한쪽은 잠잠해져 우리 몸을 조절하는데 이를 길항작용이라고 해. 교감신경과 부교감신경은 소화기관에 영향을 미칠 수 있어. 교감신경이 활발해지면 소화효소가 잘 나오지 않고 운동도 억제돼. 반면에 부교감신경이 활발해지면 소화효소가 잘 나오고 운동도 활발해지지.

바이오큐브   교감신경은 어떤 때에 활발해지는데?

바이오캔   몸을 많이 움직이거나, 공포심을 느끼는 상황에 부닥쳐

스트레스가 많아지면 활발해져. 화가 나면 스트레스를 받기 때문에 교감신경이 활발해지지.

바이오피어 사계절이 지나가도 우리의 체온은 늘 같고 운동을 열심히 하여 땀을 흘리면 목이 마르고 물을 많이 마시면 오줌이 많이 나오는 이유는 뭐지?

바이오캔 우리의 몸은 외부나 몸 안의 환경이 변하더라도 늘 같은 상태로 유지하려는 성질이 있는데, 이것을 '항상성'이라고 해. 항상성은 체내의 여러 조직과 기관들이 서로 도와 유지하는데, 이를 주관하는 것이 호르몬계와 신경계야. 그리고 이들의 대장은 간뇌에 있는 시상하부란 곳이지. 시상하부는 우리 몸에서 센서의 역할을 해. 즉, 외부나 내부의 환경변화가 있으면 바로 감지하지. 그 후 신경계나 호르몬계의 변화에 맞춰 활동하라고 명령하지. 참고로 신경계가 조절하는 것을 신경성 조절, 호르몬계가 조절하는 것을 체액성 조절이라고 해.

바이오피어 공이 날아오면 눈을 꼭 감는 이유는 뭐지?

바이오캔 우리는 공이 날아오면 나도 모르게 눈을 꼭 감게 돼. 그리고 뜨거운 냄비를 손에 댔을 때 생각하기 전에 손부터 떼기도 하지. 또 맛있는 음식의 냄새가 나면 입 안에 침이 고이기도 해. 이처럼 우리의 의지와는 상관없이 일어나는 행동들을 반사운동이라고 해. 반사운동은 조건반사

와 무조건반사로 나뉘어져. 조건반사는 같은 자극을 계속 되풀이하여 익숙해지게끔 해 놓고 그 자극이 일어난 것처럼 하면 반응이 오는 것을 말하는데, 파블로프의 개 실험이 대표적인 조건반사야. 파블로프는 개에게 종소리를 들려준 후 먹이를 주는 것을 반복했어. 그 후 종소리만 들려주어도 개는 먹이를 생각하며 침을 흘렸지. 이처럼 조건반사는 훈련 후 생기는 것이므로 후천적 반사라고 불러. 반면에 무조건반사는 태어나면서부터 가진 반사운동으로 척수와 연수가 담당하고 있어. 무조건반사는 몸이 위험에 처했을 때 신속하게 대처하여 생명을 보호하기 위해 존재해. 대표적인 무조건반사는 눈에 위협을 가했을 때 눈을 감거나 음식을 씹으면 침이 나오고, 입 속

깊은 곳을 자극하면 토하게 되는 것과 재채기를 하는 것이지.

바이오큐브 바이오피어가 프리미엄 급속충전기 앞에서 침을 흘리는 것과 같은 이치군.

바이오캔 크크크. 아주 잘 이해했는걸. 자, 그럼 다음 장에서는 우리 인체의 몸 밖에서도, 몸 안에서도 큰 영향을 끼치지만 눈에 보이지 않는 미생물에 대해 알아보자.

7 미생물

바이오캔 미생물이 뭔지 알아?

바이오큐브 눈에 보이지 않는 작은 생물이지.

바이오캔 잘 아네. 눈에 보이지 않는 미생물을 확인한 건 현미경을 발명해서지. 혹시 현미경과 망원경의 차이점을 알아?

바이오큐브 망원경과 현미경은 원리가 달라?

바이오캔 현미경은 작은 물체를 크게 확대해 보는 장치이고 망원경은 먼 곳에 있는 물체를 가까이 있는 것처럼 확대해서 보는 장치야. 두 장치 모두 사람의 눈에 작게 보이거나 잘 보이지 않는 물체를 확대한다는 점에서는 같아. 그리고 두 장치 모두 대물렌즈와 접안렌즈라는 두 개의 볼록렌즈로 구성되어 있어. 접안렌즈는 사람의 눈에 가까운 렌즈이고 대물렌즈는 관측하고자 하는 대상에 가까운 쪽에 있는 렌즈이지. 현미경은 가까이 있는 물체를 관찰하는 것이 주목적이므로 대물렌즈와 물체 사이의 거리는 대물렌즈의 초점거리보다 크고 초점거리의 두 배보다 작아야 해. 이때 대물렌즈의 상은 확대되고 거꾸로 선 상이 돼. 이를 접안렌즈를 통해 더 확대시키지. 그러므로 현미경의 배율은 대물렌즈의 배율과 접안렌즈의 배율의 곱이 돼. 현미경에서는 물체를 가능한 가까이서 관찰하기 위해 대물렌즈는 초점거리가 짧은 것을 사용하고 접안렌즈는 초점거리가 긴 것을 사용하지. 그래서 현미경의 대물렌즈는 접안렌즈에 비해 작아.

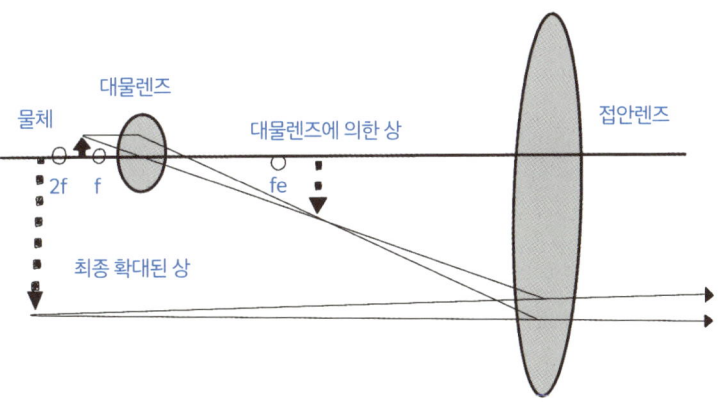

반면에 망원경에서 대물렌즈의 기능은 현미경에서와 달라. 망원경에서는 대물렌즈에 의한 물체의 상은 축소된

상이야.

바이오피어 현미경을 발명한 사람은 누구야?

바이오캔 툰에서도 말했지만 최초로 발명한 사람에 대한 논란은 있지만, 오늘날과 같은 형태의 현미경을 발명한 사람은 레벤후크야. 그는 현미경을 이용하여 벌침 관찰을 시작으로 미생물, 모세혈관의 혈구, 치아 타르의 박테리아, 정충 그리고 신경구조 등을 관찰했어. 레벤후크는 일생 500개 이상의 현미경을 만들고 그가 죽은 후 그의 딸이 248개의 현미경을 더 만들었지. 그가 만든 현미경의 배율은 30배에서 266배에 이르지.

바이오큐브 현미경의 발명으로 우리 눈으로 확인할 수 없는 세포 등을 관찰할 수 있게 된 거네.

바이오캔 맞아. 대다수 생물은 여러 개의 세포로 이루어져 있어서 다세포생물이라고 해. 하지만 어떤 종은 하나의 세포로 되어 있기도 한데, 이런 생물은 단세포생물이라 불러. 단세포생물에는 세균, 규조, 반달말, 클로렐라, 아메바, 연두벌레, 짚신벌레 등이 있어.

바이오큐브 세포는 어떻게 생겨?

바이오캔 다세포 동물은 난자를 가지고 있는데, 발생 초기의 난자는 단세포야. 하지만 이 난자의 세포분열로 다세포가 돼. 눈으로 보이는 세포로는 발생 초기의 동물의 난자, 신경

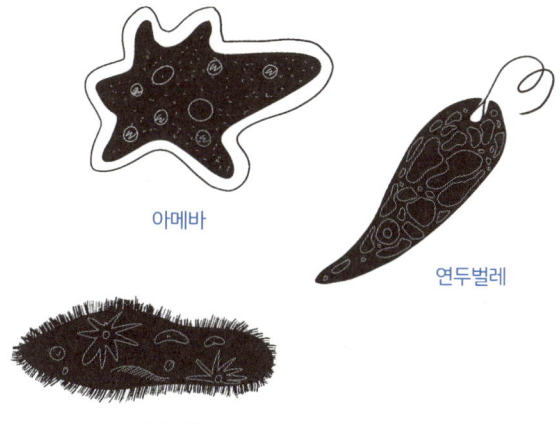

아메바
연두벌레
짚신벌레

세포(길이 1미터), 목화의 섬유세포(길이 5센티미터) 등이 있어. 세포의 모양은 공 모양, 실 모양, 통 모양 등 여러 가지가 있어. 인체를 형성하는 세포의 평균 크기는 17마이크로미터(1마이크로미터는 1밀리미터의 1000분의 1)정도이며 신경세포를 제외한 가장 큰 세포는 난세포로 지름 230마이크로미터인 공 모양이야.

바이오큐브 세포핵은 뭐야?

바이오캔 세포핵은 세포의 모든 활동을 조절하는 세포 내 기관이야. 이곳에 유전물질인 DNA가 들어 있지. 로버트 후크가 세포를 발견하기 전에 세포핵이 먼저 관찰되었어. 세포핵을 처음 관찰한 사람은 레벤후크야. 세포핵은 1831년 브라운 운동으로 유명한 스코틀랜드 식물학자 로버트 브

공 모양이 브라운이 발견한 세포핵이야.

라운에 의해 더 자세히 관찰되었어. 브라운은 현미경으로 난초를 연구하던 중 꽃 바깥층의 세포에서 불투명한 동그란 부분인 세포핵을 관찰했지. 세포핵은 주로 공 모양이지만 거대한 끈 모양 등 여러 가지 모양을 가져. 세포핵의 크기도 작은 것은 물곰팡이의 세포핵처럼 지름 1마이크로미터 크기에서부터 소철에서 볼 수 있는 난세포의 핵과 같이 지름이 60마이크로미터인 것까지 있어.

바이오큐브 세포핵 말고 다른 소기관은 뭐지?

바이오캔 1897년 독일의 생물학자 베더는 세포 속의 새로운 작은 기관인 미토콘드리아를 발견했어. 미토콘드리아는 소시지 모양으로 생겼어. 미토콘드리아는 세포에서는 없어서는 안 되는 아주 중요한 작용을 하고 있어. 그것은 바로 호흡 작용인데 쉽게 말하면 숨을 쉬는 작용이지. 호흡은 폐에 의한 호흡과 세포에 의한 호흡이 있는데 미토콘드리아는 세포 호흡을 담당해. 즉 미토콘드리아에서는 산소를 이용하여 포도당을 분해하여 이산화탄소와 물을 만들어 내면서 이때 세포가 필요로 하는 에너지를 만들어 내지. 보통 한 개의 세포에는 수십 개의 미토콘드리아가 있는데, 에너지를 많이 필요로 하는 세포일수록 많이 가지고 있지. 예를 들어 간세포처럼 에너지를 많이 필요로 하는 세포에는 하나의 세포에 미토콘드리아가 1,000~2,000개 정도 있으니까.

바이오큐브 더 있어?

바이오캔 물론. 1945년 벨기에의 생물학자 클라우드와 그의 동료들이 세포 속의 새로운 기관인 소포체를 발견했어. 소포체는 세포 속에서 단백질을 합성하고 만들어진 단백질을 세포의 내부와 외부로 운송하는 역할을 하는 기관으로 세포 속에서 해독작용도 하지. 또, 1898년 이탈리아의 생물학자 골지가 자신의 이름을 딴 세포 속 기관을 발견했

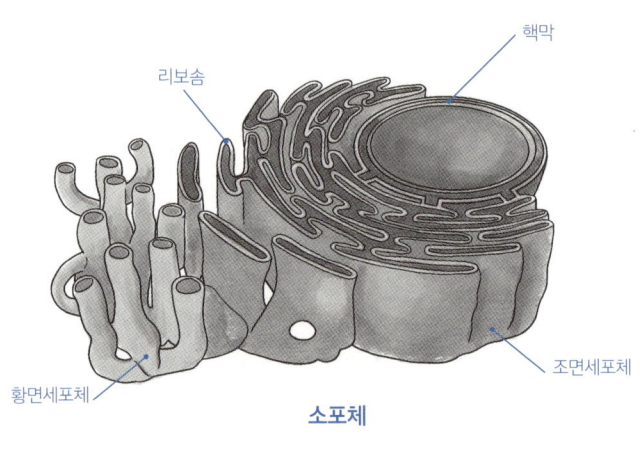
소포체

골지체

어. 이 기관의 이름은 골지체로 불리는데, 그 모양은 호떡을 여러 개 쌓아 놓은 모습 같아. 골지체는 소포체에서 합성된 단백질을 가공하는 일을 해. 소포체에서 합성된 단백질은 인체에서 바로 사용될 수 있는 형태가 아니야. 그래서 골지체에서 가공해야 인체에서 사용할 수 있지. 그 외 세포 속에는 원형질도 있어. 원형질이라는 용어는 푸르키네라는 생물학자가 처음 사용했어. 원형질은 세포 속의 모든 구성성분을 말해. 즉 핵, 미토콘드리아, 소포체 등이 모두 원형질을 이루지. 그리고 원형질 중에서 세포핵을 제외한 나머지 부분을 세포질이라고 부르고, 원형질 중에서 세포를 제외한 나머지 부분인 세포질 속에는 색소체, 미토콘드리아, 골지체 등이 있어. 색소체는 식물 세포에만 있는 것으로 크기가 4~6마이크로미터 정도야. 색소체에는 엽록체, 백색체, 잡색체 등이 있는데, 엽록체와 잡색체는 엽록소를 가지고 있어. 이처럼 색소체를 가지고 있는 생물은 광합성을 할 수 있지.

바이오큐브 식물 세포와 동물 세포의 차이는 뭐지?

바이오캔 식물 세포와 동물 세포에 공통으로 있는 것은 핵, 세포질, 세포막, 미토콘드리아 등이야. 식물 세포에는 동물 세포에는 없는 세포벽, 엽록체 등이 있지만, 동물 세포에는 식물 세포에는 없는 중심체가 있어. 액포는 식물 세포에는

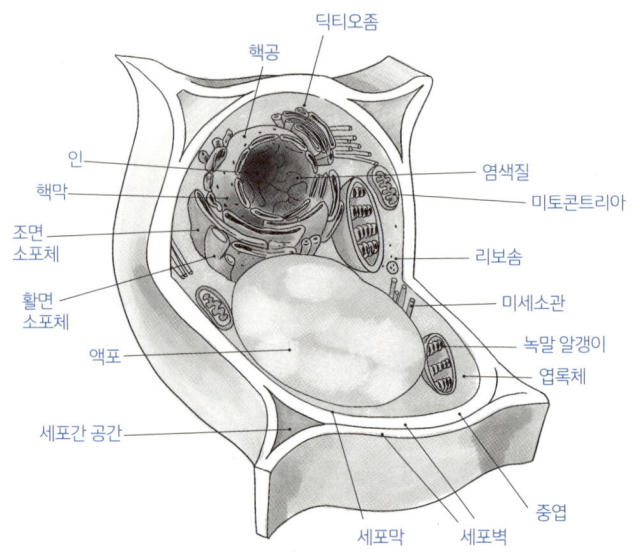

식물 세포의 구조

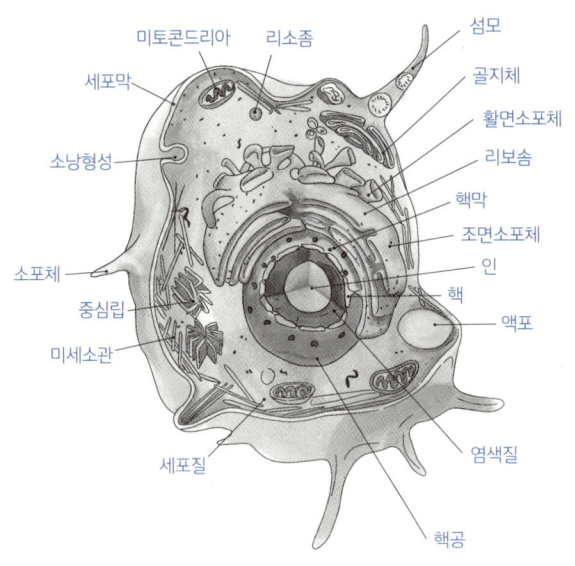

동물 세포의 구조

항상 존재하며, 대개 늙은 세포일수록 그 크기가 커. 반면 동물 세포는 식물 세포에 비해 작은 크기의 액포를 갖지.

바이오피어 세포의 기능은 뭐지?

바이오캔 핵과 세포질, 즉 원형질의 기능이 대부분을 차지해. 세포질을 구성하는 물질이나 세포질을 둘러싼 물질의 변화나 행동에 의하여 여러 가지 화학변화와 물질 변환, 그리고 에너지 변환이 일어나서 생명의 중심을 이루는 일을 계속할 수 있어. 핵분열이나 세포분열도 세포 내의 물질이나 에너지 변환에 의하여 일어나는 세포의 움직임의 결과이지. 핵은 유전자를 가지고 유전의 주체가 되고 미토콘드리아는 효소 활동이나 에너지의 중심이 되며, 소포체는 단백질합성, 색소체인 엽록체는 광합성을 해. 세포벽은 용액을 자유로이 통과시키지만 세포막은 용액을 선택적으로 흡수 배출시키지. 또 흡수한 수분에 의하여 세포 내에 삼투압이라는 압력을 만들어. 그래서 세포를 그 세포액보다 높은 농도의 용액에 넣으면 세포 속의 수분을 밖으로 내고, 농도가 낮은 용액에 넣으면 세포 속으로 수분이 들어오지. 수분이 빠져나갔을 때는 식물 세포에서는 원형질이 세포벽에서 떨어져 수축하는데, 이 현상을 원형질분리라고 해. 원형질은 조금씩 움직이는데, 하지만 대부분 세포에서 이 움직임은 현미경으로도 볼 수

가 없어. 하지만 아메바의 세포, 자주달개비의 수술 세포 등에서는 세포질이 격렬하게 움직이는 것을 볼 수 있지.

바이오피어 병이 생기는 것도 세포와 관계있어?

바이오캔 처음 세포설을 주장한 슐라이덴은 새로운 세포가 이미 존재하는 세포의 표면에 있는 싹에서 생겨난다고 주장했는데, 이것은 나중에 틀린 것으로 판명돼. 슐라이덴의 주장과 달리 세포는 새로 태어나는 것이 아니라 기존의 세포들이 세포분열하여 생겨나는 것이 밝혀졌거든. 또한

1855년 독일의 피르호는 질병의 원인이 세포가 병들었기 때문이라고 주장했어. 하지만 후에 파스퇴르가 미생물이 질병의 원인이 된다고 주장해 지금은 이 두 가지 모두 질병의 원인이라고 믿고 있어.

바이오큐브 파스퇴르? 유산균 요구르트?

바이오캔 후훗! 우리에겐 요구르트나 우유 브랜드로 친숙하긴 해. 흔히 김치에 우리 몸에 좋은 유산균이 많다는 사실을 들어 본 적 있지?

바이오큐브 들어봤어. 그런데 유산균이 뭐지?

바이오캔 유산균은 우리 몸을 건강하게 도와주는 작은 생물로 창자 속에 살면서 해로운 세균을 물리치는 성질이 있어 우리에게 도움을 주는 세균이야. 특히 김치 유산균이 우리 몸에 얼마나 좋은지는 잘 알지?

바이오큐브 김치 유산균?

바이오캔 김치에는 우리 몸에 좋은 유산균이 있거든. 김치는 잘 알겠지만 간단하게 다시 말하면 김치는 신석기 농경시대 때 채소를 재배할 수 없는 겨울에 채소를 보관하기 위해 소금에 절인 것이 시작이라고 추측하고 있어. 그러니까 역사적으로는 삼국시대 이전부터 김치를 애용했다는 것을 알 수 있지. 김치를 담글 때 배추를 소금에 절이는 과정을 거치는데, 그 때문에 처음 담근 김치는 높은 함량의

소금을 머금은 매우 짠 환경이야. 이런 환경에서는 아무리 영양가가 많다고 해도 대부분의 미생물은 자랄 수 없어. 그리고 김치에는 산소가 없어서 혐기성(산소를 싫어하는) 미생물만 자랄 수 있지. 이처럼 유산균은 소금이 많고 산소가 없는 환경에서 자랄 수 있어.

바이오큐브 김치에는 유산균만 자랄 수 있는 거네.

바이오캔 그래. 이 유산균이 김치를 발효하게 하는 원인이 되지. 김치를 담근 뒤 시간이 지나면 김치가 시어져. 우리는 이것을 김치가 익는다고 표현하기도 하지. 유산균이 김치 내의 영양분을 이용해서 발효하면 유기산이 많이 생기게 되고 김치 속이 산성화되면서 신맛이 나는 거지. 이때 김치 속은 유산균 외에 다른 미생물은 자랄 수가 없어. 김치 속은 유산균만 가득한 거지. 그렇다고 김치 속에 한 종류의 유산균만 계속 있는 것은 아니야. 여러 유산균이 차례차례 김치 속을 지배하지. 그러다 어느 순간 산성도가 낮아지면서 유산균들이 죽기 시작하고 효모가 발효하기 시작해. 종종 너무 익힌 김치를 보면 하얗게 자란 덩어리가 있는데 이것이 효모야. 이건 물로 잘 씻어내고 먹으면 돼.

바이오큐브 그렇군. 맛있는 김치 먹고 건강도 챙기고, 일석이조네!

3부
유전과 생명과학

1 종의 분류

바이오캔 이번 주제는 생물의 분류야.

바이오피어 생물 분류는 아리스토텔레스가 처음 연구했어. 기원전 4세기 그리스의 아리스토텔레스는 생물학의 기본이 되는 많은 책을 썼어. 동물의 신체 구조와 생활하는 모습을 담은 책 『동물의 역사』는 정말 훌륭한 책이야. 이 책에서 아리스토텔레스는 동물이 어떻게 번식하고 어디에서 주로 사는 지를 연구했어. 그리고 그 후속으로 『동물비교생리학』이라는 책을 내놓았어. 이 책에서는 여러 동물을 해부한 그림과 동물의 생리기능을 다루었어. 그리고 『동물운동론』이라는 책에서는 동물이 어떻게 움직이는지를, 그리고 『발달생물학』에서는 동물이 어떻게 발달하고 성장하는지를 설명했지. 아리스토텔레스는 600여 종의 생

물에 관해 연구했거든.

바이오큐브 이 그림은 뭐지?

바이오피어 아리스토텔레스의 생물학에 나오는 문어 그림이야. 아리스토텔레스는 고래가 소나 양처럼 새끼를 낳아 젖을 물리는 포유류라는 것을 처음 알아냈어. 헤엄을 친다고 모두 어류가 아니고, 날아다닌다고 모두 조류는 아니거든. 예를 들어 박쥐는 날아다니지만 조류가 아니라 포유류이고, 타조는 날지 못하지만 조류지.

바이오큐브 듣고 보니 그렇네. 포유류인 고래는 어떻게 물속에서 살 수 있어?

바이오캔 고래도 사람처럼 콧구멍을 통해 폐로 호흡하거든. 그런데 고래가 물속에 들어갈 때는 콧구멍이 닫혀. 그러니까 콧구멍으로 물이 들어가지 않지. 그리고 고래의 근육 속에는 산소를 저장할 수 있는 미오그로빈이라는 물질이 많이 들어 있어. 그래서 물속에서 45분 정도를 잠수한 채 있을 수 있는 거야. 하지만 그 시간이 지나면 다시 산소를 마시기 위해 수면 위로 올라가야 하지. 고래는 숨을 쉬기 위해 수면으로 올라가 폐 속의 공기를 바꾸기 위해 콧구멍에 있는 물과 기도에 있는 거품을 공기 중으로 내 뱉어. 고래가 수면에 올라가 콧구멍으로 공기를 뱉을 때 큰 소리가 나면서 멀리까지 소리가 들리는데, 마치 콧구멍에서 물기둥을 뿜는 것처럼 보여 '고래가 바닷물을 뿜는 것'처럼 보이는 거야. 사실 고래가 뿜는 것은 바닷물이 아니라 수증기를 머금은 따뜻한 공기야. 고래가 숨을 내쉴 때 나온 수증기가 바깥의 공기에 닿아서 물방울로 변하기 때문에 물을 뿜는 것처럼 보이는 거지.

이 외에도 아리스토텔레스는 두더지에게 퇴화한 눈이 있다는 것을 알아냈고, 암컷에 수컷의 생식기가 있어 암수 한몸으로 여겨지던 하이에나가 암수 한몸이 아니라는 사실, 메기 중에서 수컷이 새끼를 돌보기도 한다는 것 등을 발견했지. 이처럼 아리스토텔레스는 생물학에 관한 많은 연구를 했지. 너무 많아서 모두 다 나열할 수는 없지만.

바이오큐브 생물은 어떻게 분류해?

바이오캔 오케이. 좋은 질문이야. 그럼 이제 생물의 기본단위인 '종'에 대해 알아보자.

바이오큐브 종이 뭐지? 딸랑거리면 소리 나는 그 종을 말하는 거야?

바이오캔 방금 말했듯이 종은 생물을 분류하는 기본단위를 말해. 1660년 영국의 생물학자 존 레이가 생물의 기본단위는 '종'이라는 주장을 했어. 생식을 통해 자식을 만들 수 있으려면 반드시 종이 같아야 해. 를 들어, 황소와 암소는 종이 같아서 자손을 만들 수 있고 소와 돼지는 종이 달라서 자손을 만들 수 없어. 이렇게 자손을 만들어 낼 수 있는 생물들을 하나의 종으로 묶었지. 이게 바로 생물 분류의 기본단위야.

바이오피어 존 레이에 대해선 내가 알려줄게. 생물의 종의 개념을 명확히 한 존 레이는 영국 박물학의 아버지라 불렸지. 가난한 대장장이 집에서 태어난 존 레이는 열일곱 살에 케임

존 레이
John Ray, 1627-1705

브리지 대학에 장학생으로 입학했어. 그리고 스물한 살부터 대학 연구원이 되어 수학을 가르쳤지. 그가 스물세 살 때 중병을 앓은 후 회복을 위해 학교 근처의 산과 들을 찾다가 우연히 식물의 여러 가지 모습에 매료되어 생물학을 해야겠다고 생각했지. 그는 자신의 저서『식물의 역사』에서 18,600종의 식물에 관해 설명하면서 '종'이 생물의 기본단위가 되어야 한다고 강조했지. 식물을 좋아하던 존 레이는 점차 동물도 관심을 가지기 시작했고, 결국 모든 동물이 좋아지게 되었어. 그래서 물고기들을 다룬『어류』, 날짐승을 다룬『조류』, 그리고『곤충의 역사』라는 책을 썼지.

바이오큐브 그렇군. 그래서 ○○종과 같이 말하게 된 거구나.

바이오캔 이후 1758년에 스웨덴의 생물학자 린네는 생물의 이름을 두 개의 단어로만 나타내자고 주장했어. 이 내용은 린네

칼 폰 린네
Carl von Linné, 1707-1778

의 저서 『자연의 체계』에 잘 나타나 있어. 예를 들어 사람의 경우 린네의 방식대로 표현하면 호모 사피엔스가 돼.

바이오큐브 모든 생물의 이름을 두 개의 단어로 나타내자고 주장했다는데, 어떻게 이름을 붙이는 거지?

바이오캔 그것을 알기 위해서는 생물을 분류하는 일반적인 방법을 알아야 해. 앞서 말한 '종'은 아주 작은 분류단위거든. 일반적으로 생물은 '계-문-강-목-과-속-종'으로 분류돼.

바이오피어 잘 이해가 안 되는데…….

바이오캔 린네가 분류할 때는 '계'는 동물계와 식물계 두 가지였어. 하지만 현미경을 통해 작은 생물을 관찰하기 시작하면서 동물과 식물로 구분할 수 없는 단세포생물(하나의 세포로만 이루어진 생물)이 발견되었고, 1866년 독일의 헤켈은 단세포생물은 새로운 계로 인정해야 한다고 주장했지.

그러니까 린네의 방법대로 고양이를 나타내면 다음과 같아.

> 동물계-척추동물문-포유강-식육목-고양이과-고양이속-야생고양이종

개의 경우는 다음과 같아.

> 동물계-척추동물문-포유강-식육목-개과-개속-늑대종

바이오피어 아하! 개와 고양이는 과에서부터 달라지는군.

바이오캔 그러니까 개와 고양이 사이에서는 자손을 만들어 낼 수 없어. 종이 다르니까. 다른 생물에 대한 '계-문-강-목-과-속-종'으로 분류된 예를 들어줄게.

> **장수풍뎅이(국산종)**: 동물계-절지동물문-곤충강-딱정벌레목-풍뎅이과-Allomyrina속-ditochoma종
> **애사슴벌레(국산종)**: 동물계-절지동물문-곤충강-딱정벌레목-풍뎅이과-Dorcus속-rectus종
> **닭**: 동물계-척추동물문-조류강-닭목-꿩과-닭속-닭종

바이오피어   어떻게 두 개의 이름으로 생물의 이름을 정하는 거지?

바이오캔   속의 이름과 종의 이름으로 생물의 이름을 정해. 사람을 예로 들어 설명할게. 사람을 분류하면 다음과 같아.

동물계 – 척추동물문 – 포유동물강 – 영장류목 – 인류과 – 호모속 – 사피엔스종

이 분류에 따라 사람은 속을 나타내는 단어인 호모와 종을 나타내는 사피엔스가 합쳐진 '호모사피엔스'가 되는 거지.

바이오캔   조금 다른 이야기를 해볼게. 1837년 인도의 한 동물원에서 호랑이와 사자 사이에서 새끼가 태어났어. 이 동물은 수컷 호랑이와 암컷 사자 사이에서 태어났는데, 이름은 호랑이를 뜻하는 타이거^{Tiger}와 사자를 뜻하는 라이온^{Lion}을 합친 단어인 타이곤^{Tigon}이라고 부르기로 했지. 아무튼 인도의 동물원 측은 타이곤을 영국의 빅토리아 여왕에게 선물해 영국 사람들이 신기한 눈으로 타이곤을 구경했다고 해. 한편 생물 분류의 권위자인 린네는 "호랑이와 사자는 종이 같으므로 자손을 만들 수 있어요."라고 타이곤이 탄생한 이유를 설명해, 종이 같은 다른 동물들 사이에서 여러 잡종 동물이 나올 것을 예견했다고 해.

바이오피어 오늘날은 정말 린네 교수의 예견이 맞았네. 참, 린네 교수와 관련한 재미있는 일화가 떠올랐어.

바이오큐브 뭐지?

바이오피어 린네 교수는 자신이 재직하던 스웨덴 웁살라 대학에서 수업할 때 자신만의 방식으로 강의하는 걸로 유명했어. 특히 그는 제자들을 데리고 떠나는 야외 식물 수업에서 학생들에게 '식물학 유니폼'이라고 부르는 밝은 제복을 입게 하고, 매일 아침 7시에 출발해 오후 2시에 식사 및 휴식, 오후 4시에 짧은 휴식을 취하는 등 군대처럼 체계적이고 질서정연하게 움직이는 그런 수업을 했다고 해.

바이오캔 독특한 수업방식이었네. 그런 린네 교수 덕분에 생물이 어떤 식으로 분류되는지 이해했지? 그럼 다음 장에서는 생물의 진화에 대해 알아보자.

2 진화

바이오캔 오늘은 진화론의 창시자인 다윈의 이야기를 할 거야. 다윈Charles Robert Darwin은 1809년 2월 12일에 영국 남서부의 쉬루즈버리에서 태어났어. 다윈의 할아버지 에라스무스 다윈과 아버지 로버트 다윈은 의사야. 다윈은 어릴 때부터 아주 활발하고 호기심이 많았어. 그래서 틈만 나면 들판으로 나가 사냥도 하고 호수에서 물고기를 잡기도 했지. 다윈은 조개껍데기나 신기하게 생긴 돌멩이를 모으고 이것들이 어디에서 생겨났는가를 항상 궁금해했어. 그는 자연에 대한 호기심으로 가득 차 있어 열 살 때는 바닷가에서 3주 동안 새로운 곤충들을 관찰하기도 했어. 그는 아홉 살부터 7년 동안 버틀러 목사님이 가르치는 교회 학교에 다녔어. 이곳에서 그는 고대의 역사나 고대의 지리학을 배웠지. 하지만 목사님의 수업은 아주 따분했어. 다윈은 화학을 좋아했거든. 그래서 그는 형과 함께 창고를 화학실험실로 꾸며 여러 가지 화학실험을 하곤 했어. 다윈은 형과 여러 액체를 섞으면 연기가 피어오르는 것을 알아내기도 했지. 그러던 어느 날 다윈은 들판으로 나가서 오래된 나무껍질을 뜯어내다가 희귀한 모양의 딱정벌레 두 마리를 발견했어. 그는 두 마리의 딱정벌레를 한 손에 하나씩 쥐고 있었는데 또 한 마리의 딱정벌레가 나타났지. 그는 그 딱정벌레 역시 놓치고 싶지 않아 손에 쥔

딱정벌레 한 마리를 얼른 입에 집어넣었는데, 입 안에 넣은 딱정벌레가 냄새가 지독한 분비액을 내놓는 바람에 뱉어 버렸어. 이 정도로 다윈은 희귀한 벌레를 수집하는 것을 아주 좋아했어.

바이오큐브 엽기적이네.

바이오캔 1825년 다윈은 에든버러 의과대학에 입학해. 다윈이 원치는 않았지만 의사인 아버지의 권유로 어쩔 수 없이 다니게 된 거지. 하지만 의사는 다윈의 적성에는 맞지 않았어. 당시에는 마취하지 않고 환자를 수술했는데, 그는 환자들의 피와 비명을 견뎌내지 못하고 수술실을 뛰쳐나가는 등 결국 의사의 길을 포기했지. 1828년 그의 아버지는 다윈을 목사로 만들 생각으로 케임브리지 대학에 보내. 여기서 다윈은 성경 공부보다는 동물과 식물에 관심이

많아 식물학자인 헨슬로 교수와 친하게 지내지. 1831년 봄, 다윈은 대학을 졸업해. 그리고 1831년 12월 27일 그는 헨슬로 교수의 추천으로 비글호라는 이름의 범선을 타고 항해를 하게 돼. 이것이 바로 다윈의 운명을 바꿔 놓은 역사적인 여행이 되지. 다윈은 1832년 2월 28일, 여행을 떠난 지 두 달 만에 새로운 대륙이 있는 브라질의 바이아에 도착해. 브라질에는 하늘을 찌를 듯한 큰 나무들과 지금까지 본 적이 없는 신기한 동물들과 엄청나게 커다란 벌레가 살고 있었어. 다윈은 날마다 수십 가지의 벌레와 새의 표본을 모으기 시작했지. 그가 모은 표본은 그 당시까지 사람들에게 알려지지 않은 생물들이었어. 어떤 날은 단 하루 동안 서로 다른 거미를 서른일곱 마리나 잡기도 했지.

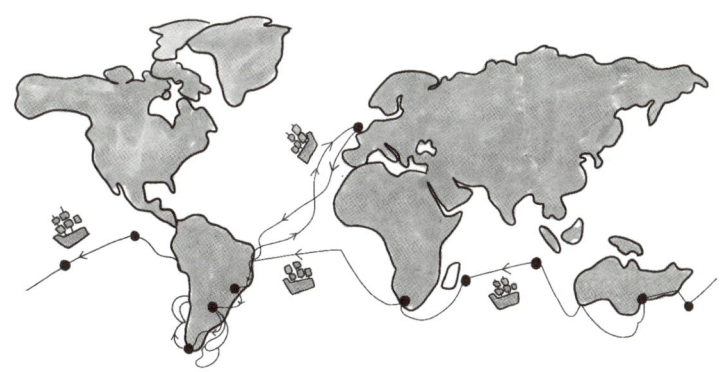

비글호 항해 경로

바이오큐브 대단하네.

바이오캔 1835년 9월 15일 다윈은 태평양에 있는 갈라파고스제도에 갔어. 이곳은 수많은 섬으로 이루어진 곳인데, 섬마다 기후나 환경이 조금씩 달랐지. 그래서인지 각각의 섬에서 자라는 거북이나 새와 식물들의 모양도 차이가 났어. 섬에 사는 사람들은 거북이의 등딱지 모양과 색깔만으로도 그 거북이가 어느 섬에서 온 것인지를 알 수 있었지. 또한 갈라파고스의 많은 섬에는 서로 다른 딱따구리 새가 살고 있었는데, 섬마다 부리의 모양이 달랐어. 식물이 많은 섬에 사는 딱따구리 새는 식물의 씨를 주로 먹고 살아 부리가 굵었고 곤충이 많은 섬에 사는 딱따구리 새는 작은 곤충을 잘 잡아먹을 수 있도록 부리가 가늘고 길었지. 다윈은 이 딱따구리 새들이 주어진 환경에서 가장 잘 적응할 수 있도록 부리의 모양이 변한 것이라 생각하게 되었어. 이렇듯 갈라파고스의 생물들에 대한 관찰은 다윈에게 놀라운 생각을 떠올리게 했어. 같은 종류의 동물들이라도 기후나 환경이 다른 곳에서 오랫동안 살게 되면 그 모양이 다르게 변한다는 것이지. 이것이 바로 다윈의 진화론이야.

바이오큐브 위대한 관찰이었네.

바이오캔 맞아. 갈라파고스에서 5주 동안 머문 다음 다윈은 타히티

섬과 뉴질랜드를 거쳐 1836년 1월 12일 오스트레일리아에 도착해. 오스트레일리아는 낯선 동물들로 가득 찬 새로운 대륙이었지. 그는 이곳에서 캥거루와 같은 여러 포유동물과 많은 식물을 보게 돼. 그다음으로 그가 방문한 곳은 인도양에 있는 '킬링 섬 산호초'라는 곳이야. 진화론 외의 또 다른 나의 커다란 업적 중의 하나는 다윈이 산호초가 만들어지는 과정을 설명한 거야. 다윈은 1836년 4월 12일 킬링 섬을 둘러싼 산호들을 관찰하면서 여러 가지 종류의 산호초의 차이를 명확하게 파악했고 산호초가 만들어지는 과정을 밝혀냈지. 즉 산호초는 바다 지각이 위로 솟아오르거나 가라앉는 운동이 여러 번 반복되어 만들어진다는 것을 알아냈어.

태평양

↙산타크루즈   ↙산크리스토발

바이오큐브 다윈의 탐사 여행은 언제 끝나?

바이오캔 비글호는 5년간의 탐사를 마치고 1836년 10월 2일에 영국에 도착해. 다윈은 비글호 항해를 마치고 귀국한 후 1838년에 영국지질학회 서기가 되었지. 그리고 이듬해에는 영국학사원의 회원이 되는 영광을 누려. 그런 지위에 오르기에는 아직 젊었지만 학자들은 그의 학문적 업적을 인정했던 거지. 그는 1839년 비글호에서 겪은 일을 기록한 일기를 모아서 『비글호 항해기』라는 책을 출간해. 그러나 건강이 좋지 않아 다윈은 1841년 2월에 지질학회 서기직을 사임해. 남아메리카에서 걸렸던 풍토병이 재발한 거지. 그는 1835년 3월 안데스산맥을 넘어 아르헨티나를 답사하던 중 벤추카 빈대에 물려 풍토병인 사가스병에 걸린 적이 있었어. 브라질 수면병으로 알려진 이 병에 걸리면 어린이는 죽을 수 있으며 어른은 자유로운 행

동을 하지 못할 정도로 무서운 병이거든.

다윈은 갈라파고스의 거북이와 딱따구리 새들에 대한 관찰로부터 모든 생물은 환경에 따라 그 모습이 달라진다는 생각을 품게 되었어. 즉 환경이 바뀌면 그 환경에 가장 적합한 체질을 가진 생물만이 살아남고 자손들에게는 그 환경에 살아남기 가장 좋은 것만 물려주는 거지. 예를 들어 목이 긴 것으로 유명한 기린이 있어. 아주 오래전에도 기린들이 모두 목이 길었을까? 이 점에 대해 다윈은 아주 오래전에는 목이 긴 기린뿐 아니라 목이 짧은 기린도 있었을 거로 가정했어. 그래서 초식동물인 기린들이 먹이를 먹을 때 목이 긴 기린은 높은 나무의 잎을, 목이 짧은 기린은 풀을 뜯어 먹었을 거로 생각했어. 하지만 세월이 흘러 환경이 변해 땅에서 자라는 풀들이 사라져 먹을 것이 나뭇잎뿐이게 되자, 목이 짧은 기린은 사라지고 목이 긴 기린만 살아남게 되었다는 거지. 다윈은 이렇게 환경에 따라 기린의 목이 길어지는 진화가 이루어졌다고 생각하게 된 거야.

바이오큐브 갈라파고스 거북이의 목이 길어진 것도 진화 때문이구나.

바이오캔 맞아. 다윈은 진화론이 교회와 충돌할 것을 두려워해 발표하기를 꺼려 자료 정리와 책을 쓰는 일에만 몰두했어. 그런데 라마르크라는 학자가 진화론과 비슷한 이론을 발표하자 다윈의 친구들은 다윈의 업적이 다른 사람에게 돌아갈까 봐 서둘러 발표할 것을 설득했지. 1858년 마흔 아홉 살이 된 다윈은 뜻밖의 편지 한 통을 받아. 월리스라는 학자가 보낸 편지였는데 놀랍게도 다윈의 진화론과 거의 비슷한 내용을 담고 있었어. 월리스는 말레이시아와 동인도제도를 탐험해 얻은 결과를 정리한 것이었지. 22년 동안 자료를 정리해 온 다윈은 진화론이 월리스의 업적으로 돌아가지 않게 월리스와의 공동연구를 제의했고, 1858년 7월 린네 학회에서 나와 월리스는 진화론에 대한 연구 논문을 발표해. 이듬해인 18959년 다윈은

진화론에 관한 자료를 정리하여 『종의 기원』을 출판했지. 이 책은 대단한 반응을 얻었어. 처음에 1,250부만 찍었는데, 하루 만에 모두 팔려 곧바로 재판을 찍어야 할 정도로 불티나게 팔렸으니까.

바이오큐브 엄청난 반응이었네.

바이오캔 그렇지. 하지만 다윈의 진화론은 사람이 마치 원숭이나 고릴라로부터 진화되었다는 오해를 불러일으켰어. 다윈은 그런 주장을 한 적이 없는데 말이야. 다윈은 사람을 포함한 모든 생명체는 하나님이 맨 처음 창조했으며 다만 환경에 따라 그 모양이 조금씩 달라졌다고만 생각했지. 하지만 다윈의 주장에도 불구하고 사람들은 그를 '영국에서 가장 위험한 사람'으로 몰았어. 물론 반대로 그의 진화론을 적극적으로 지지해 주는 과학자들도 있었지만.

바이오피어 진화론의 흔적은 어디에서 찾을 수 있지?

바이오캔 동물이나 식물의 진화를 입증하는 잘 알려진 사실은 일부 생물들이 거의 쓸모 없어 보이는 흔적기관을 가지고 있다는 점이야. 타조는 몸이 무거워 날지 못하는 새야. 하지만 타조에게도 다른 새처럼 날 수는 없지만 날개가 있어. 이것은 타조가 과거에는 하늘을 날았다는 것을 나타내는 흔적기관이지. 또 다른 예로는 뱀을 들 수 있어. 뱀은 다리가 없어. 하지만 뱀의 몸속에는 다리의 뼈로 보이는 흔적기관이 있어. 그러므로 뱀도 과거에는 네 발로 걸어 다니다가 지금은 다리가 필요 없어져 그 흔적만 남아 있는 모습으로 진화된 것을 의미하지.

바이오큐브 그렇군.

바이오캔 다윈은 삶의 마지막까지도 관찰하는 것을 놓지 않았어. 그는 삶의 마지막을 다운에 있는 집에서 보내. 그는 난초를 기르면서 벌레가 어떻게 암술에 수술의 꽃가루를 붙이는 지를 살펴보면서 난초가 진화하면 나중에는 어떤 모습이 될 것인가 하는 생각도 했지. 하지만 그는 앞에서 말했듯이 젊은 시절 남아메리카 탐험 때 걸렸던 풍토병으로 평생을 고생하다가 1882년 4월 19일 다운에 있는 집에서 생을 마치지. 그는 위대한 과학자로 인정받아 영국 웨스트민스터 사원의 뉴턴의 무덤 바로 옆에 묻히는 영광을 얻게 되었지.

바이오큐브 위대한 과학자 다윈의 이야기 잘 들었어.

탐사 여행 끝에 발표한 『종의 기원』으로 세상이 발칵 뒤집혔지.

3 유전법칙

바이오캔 이제 유전에 관한 이야기를 해보자.

바이오큐브 유전이 뭐지?

바이오캔 유전이란 부모가 가지고 있는 특성이 자식에게 전해지는 현상이야. 유전 법칙을 처음 알아낸 사람은 멘델이야. 그는 오스트리아의 식물학자로 일찍부터 자연과학에 관심이 있었지. 그는 올뮈츠(지금의 체코 올로모우츠)의 철학연구소에서 2년간 공부한 후, 1843년 모라비아의 브륀(지금의 체코 브르노)에 있는 아우구스티누스회 수도원에 들어갔어. 그의 세례명은 그레고어야. 멘델은 1847년에 수도사로 임명되었으며 수도원에서 수행하는 동안에 과학에 대한 다양한 지식을 습득했어. 2년 뒤 1849년에 멘델은 브륀 근처에 있는 즈나임(즈노이모) 중등학교에

서 잠깐 보조교사를 하며 그리스어와 수학을 가르쳤어. 1850년에는 정규교사 시험에 응시했지만 떨어졌어. 이때 시험점수가 가장 안 나왔던 과목은 생물학과 지질학이었지. 그 뒤 대수도원장의 추천으로 빈대학교에 입학했고, 이곳에서 물리학, 화학, 수학, 동물학, 식물학을 공부했어. 1854년 브륀으로 다시 돌아와 1868년까지 그곳의 기술고등학교에서 자연과학을 가르쳤으나 교원자격증은 끝내 얻지 못했지. 그해에 그는 그가 있던 수도원의 대수도원장으로 선출되었어.

바이오큐브 유전에 대해선 어떻게 알게 된 거지?

바이오캔 멘델은 사실 1856년부터 수도원의 작은 정원에서 다양한 실험을 하면서 유전의 기본원리를 발견했지. 이러한 원리들은 나중에 유전학으로 발전하게 되었고. 혼자 힘으로 연구했지만, 과학에 관한 관심을 유발하는 분위기 속에서 일할 수 있었지. 특히 고등학교에서 재직 당시 그와 함께 일했던 동료들 가운데 몇몇은 과학에 깊은 관심이 있었어. 멘델은 이들과 함께 1862년 브륀에서 자연과학학회를 창립했고, 멘델은 이 모임에서 중요한 직책을 맡았어. 수도원과 학교의 도서관에는 중요한 과학 서적들이 많이 있었는데, 그중에서도 그는 아버지의 과수원과 농장에서 얻었던 경험들로 깊은 관심을 지니고 있었던 농학, 원예학, 식물학에 관한 책을 많이 읽었지. 멘델 자신도 이 분야에 관한 새로운 책들이 나오면 곧바로 구입했는데, 이러한 사실은 1860~1870년대에 출판된 찰스 다윈의 연구 노트를 보면 알 수 있어. 분명한 건 멘델이 다윈의 첫 책이 나오기 전, 또한 유전이 진화의 원인으로서 가장 기초적인 역할을 한다는 사실이 널리 알려지기 전에 이미 실험을 시작했던 것만은 확실해. 그는 1865년 2월 8일과 3월 8일에 열린 브륀 자연과학학회에서 결과를 보고할 때도 '식물의 교잡'에 대한 깊은 관심을 언급했으며, 이 분야에서 자기보다 먼저 발표한 사람들의 연구들에 대한 자기의 견해를 밝히면서 단호하게 다음과 같이 말했어.

"지금까지 행해진 수많은 실험 가운데 잡종의 자손들에서 나타날 수많은 형들을 결정하거나, 또는 이러한 형태들을 각 세대에 따라서 확실하게 구분하거나, 이들 사이의 통계적 상관도를 명확히 밝힐 수 있을 만큼 폭넓고 올바른 방법으로 이루어졌던 것은 하나도 없다."

유전 연구 실험에 필요한 조건에 대한 이러한 논술과 그 조건들을 만족시켜 주는 예비 실험 자료들을 통해 그는 유전과 진화 및 일반적인 생물 현상들을 이해하는데 기초가 되는 여러 문제를 해결할 수 있었어.

바이오큐브 멘델의 유전 법칙이 뭐지?

바이오캔 멘델은 자신이 관찰하면서 정원에서 길렀던 여러 가지 완두를 서로 교배했어. 이들 완두는 키가 큰 것과 작은 것, 잎겨드랑이에서 꽃이 피었을 때 색이 있는 것과 없는 것 등과 같이 일정한 차이를 보이는 대립 형질과 씨의 색·모양, 줄기에 꽃이 피는 위치, 콩꼬투리의 모양 등 유사한 차이를 갖는 대립 형질을 갖고 있었지. 그는 식물에서 눈으로 볼 수 있는 대립 형질의 변종과 그들의 자손에 계속 나타나는 것은 유전의 기본단위 때문이라는 이론을 세웠는데, 이 유전단위가 지금은 유전자로 알려졌지. 이런 실험 결과에 대한 멘델의 해석은 사람을 포함한 다른 생물들을 통해 계속 관찰되면서 충분히 증명되었는데, 이는 유전단위가 간단한 통계 법칙을 따른다는 것이었어. 이러한 법칙의 기본원리는 잡종의 생식세포 안에는 양친 중 어느 한쪽에서 온 유전물질 절반과 다른 한쪽에서 온 유전물질이 절반씩 들어 있다는 거야. 다음의 멘델의 실험을 통해

멘델은 둥근 씨 완두콩 순종과 주름진 씨 완두콩 순종을 교배했어. 그랬더니 자손은 항상 둥근 씨 완두콩이 되었지. 대립 형질 중에서 다음 대에 나타나는 형질을 우성이라고 불렀고, 나타나지 않는 형질을 열성이라고 불렀어. 멘델은 이렇게 둥근 씨 완두콩 순종과 주름진 씨 완두콩 순종을 교배해서 나온 완두콩을 잡종 1대라고 불렀어.

3부 유전과 생명과학

알아보자. 멘델의 생각에 따르면 서로 다른 대립 형질을 가진 두 순종 완두콩을 교배해 나온 잡종 1대는 대립 형질 중 하나의 형질을 나타내. 멘델은 잡종 1대가 하나의 형질을 나타내지만, 잡종 1대의 두 형질이 섞여 있다고 생각했어. 멘델은 실험을 통해 다음과 같은 우성 형질과 열성 형질을 알아냈지.

완두의 일곱 가지 대립 형질

형질	대립 형질	
	우성	열성
씨의 모양	둥근 씨	주름진 씨
씨껍질의 색	회갈색	흰색
씨(떡잎)의 색	노랑	초록
꽃의 위치	줄기 곁	줄기 끝
콩깍지의 모양	매끈한 것	잘록한 것
콩깍지의 색	초록	노랑
줄기의 키	큰 키	작은 키

이렇게 멘델은 우성 순종과 열성 순종을 교배해 얻은 잡종 1대가 우성의 성질을 지닌다는 것을 알아냈는데, 이것을 멘델의 우열의 법칙이라고 불러.

바이오피어 잡종 1대와 잡종 1대를 교배하면 어떻게 되지?

바이오캔 그것이 바로 멘델이 한 두 번째 연구였어. 멘델은 우성 형질만 드러난 잡종 1대를 자기들끼리 교배하는 실험을 했어. 이 실험으로 얻어진 완두콩을 잡종 2대라고 불러. 멘델은 잡종 2대에서 다음과 같은 결과를 얻었어.

- 씨의 모양:
  둥근 씨 … 5,474, 주름진 씨 … 1,850
  둥근 씨 : 주름진 씨 = 2.96 : 1

- 씨껍질의 색:
  회갈색 … 705, 흰색 … 224
  유색 : 무색 = 3.15 : 1

- 씨(떡잎)의 색:
  노랑 … 6,022, 초록 … 2,001
  노랑 : 초록 = 3.01 : 1

- 꽃의 위치:
  줄기 곁 … 651, 줄기 끝 … 207
  줄기 곁 : 줄기 끝 = 3.14 : 1

- 콩깍지의 모양:
  매끈한 것 … 882, 잘록한 것 … 299
  매끈한 것 : 잘록한 것 = 2.95 : 1

- 콩깍지의 색:
  초록 … 428, 노랑 … 152
  초록 : 노랑 = 2.82 : 1

- 줄기의 키:
  큰 키 … 787, 작은 키 … 277
  큰 키 : 작은 키 = 2.84 : 1

멘델은 이 실험을 통해 잡종 1대의 자가수정에서 나온 잡종 2대의 경우

(우성) : (열성) = 3 : 1

이 된다는 것을 알아냈어. 이 법칙은 멘델의 분리의 법칙이라고 불러. 멘델은 형질에 대해 처음으로 문자를 도입했는데, 우성 형질을 대문자로 열성 형질을 그에 대응되는 소문자로 썼어. 예를 들어 씨앗의 모양의 경우 순종 둥근 씨는 로, 주름진 둥근 씨는 로 나타냈어.

A = 둥근 씨
a = 주름진 씨

그리고 이들의 잡종 1대는 Aa로 나타냈지. 그러므로 우열의 법칙은 다음과 같아.

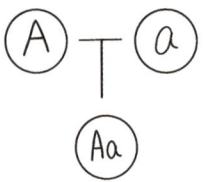

분리의 법칙을 그림으로 그리면 다음과 같아.

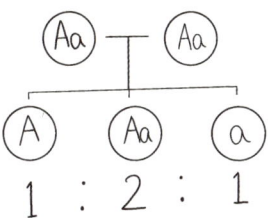

멘델은 잡종 2대의 표현을 다음과 같은 식으로 나타냈는데,

$$A + 2Aa + a$$

여기서 Aa는 둥근 씨이므로 다음과 같게 돼.

$$(둥근씨) : (주름진\ 씨) = 3 : 1$$

바이오피어 멘델이 발견한 또 다른 법칙은 뭐지?

바이오캔 우열의 법칙과 분리의 법칙은 한 종류의 대립 형질에 대해 적용되는 법칙이었어. 멘델이 그다음으로 뛰어든 실험은 두 종류 이상의 대립 형질에 대한 유전 법칙을 찾는 문제였어. 그는 두 대립 형질을 다음과 같이 문자로 나타냈어.

$$A = 둥근\ 씨$$
$$a = 주름진\ 씨$$

$$B = 노란\ 씨$$
$$b = 초록\ 씨$$

바이오피어 둥글고 노란 씨는 AB로 나타내면 되고 주름지고 초록색인 씨는 ab가 되는군.

바이오캔 맞아. 하지만 둥근 씨 중에서는 순종인 둥근 씨도 있고 잡종인 둥근 씨도 있어. 순종인 둥근 씨는 A이지만, 잡종인 둥근 씨는 a가 되거든. 마찬가지로 순종인 노란 씨는 B이지만 잡종인 노란 씨는 Bb가 되지. 또한 멘델은 두 종류의 대립 형질은 서로 독립이라는 것을 알아냈어. 이를 통해 그는 556개의 씨앗으로 실험한 결과 다음과 같은 결과를 얻었어.

둥글고 노란 씨로 나타나는 경우	둥글고 초록색 씨로 나타나는 경우
AB: 38개	Ab: 35개
ABb: 65개	Aab: 67개
AaB: 60개	
$AaBb$: 138개	

주름지고 노란 씨로 나타나는 경우	주름지고 초록색 씨로 나타나는 경우
aB: 28개	ab: 30개
aBb: 68개	

멘델은 이들 사이의 간단한 정수비를 찾아보았는데, 그 결과는 다음과 같았어.

$AB : ABb : AaB : AaBb : Ab : Aab : aB : aBb : ab$
$= 1 : 2 : 2 : 4 : 1 : 2 : 1 : 2 : 1$

멘델은 이것을 다음과 같이 나타냈어.

$AB + Ab + aB + ab + 2ABb + 2aBb + 2AaB + 2Aab + 4AaBb$

멘델은 이 식이

$(A+2Aa+a)(B+2Bb+b)$

의 전개에서 나온다는 것을 알아냈어. 따라서 멘델은

(둥글고 노란 씨) : (둥글고 초록색 씨) : (주름지고 노란 씨) : (주름지고 초록색 씨) $= 9 : 3 : 3 : 1$

이라는 것을 알아냈지. 이것을 멘델의 독립의 법칙이라

고 불러. 멘델은 이러한 내용을 1865년 초, 자연과학학회에서 발표했으며 다음 해 이를 좀 더 자세하게 기록해 학회 회보에 게재했어. 「식물의 잡종에 관한 연구」라는 제목이 붙은 이 논문은 유럽과 미국의 주요한 도서관에 보내졌지만, 당시에는 브륀이나 다른 지역에서도 생물학적인 견해에 아무런 영향을 주지 못한 것으로 보여.

바이오피어 멘델의 연구를 인정한 사람은 없어?

바이오캔 물론 있어. 뮌헨대학교의 유명한 식물학자 칼 빌헬름 폰 네겔리는 멘델의 기념비적인 논문을 받아들인 대표적인 학자야. 하지만 멘델과 주고받은 편지 내용으로 미루어 보아 네겔리조차도 멘델의 논문에 실린 수학적 논리를 완전히 이해하지 못했던 것으로 보여. 그러나 멘델은 꾸준히 연구를 계속해 다른 식물에서도 자신의 이론을 검증하려고 노력했어. 1869년 또 다른 한 편의 논문을 발표했으나 그가 조사한 식물은 네겔리가 멘델에게 실험 재료로 추천한 조밥나물속으로, 이 식물의 배는 수정이 일어나지 않고 밑씨가 자라 만들어지는 체세포 단위생식을 하기 때문에 검증 재료로는 본질적으로 적당하지 못했으며 멘델의 원리를 확인하기에도 부적합했어. 멘델은 유전 법칙 외에도 식물학, 벌 키우기, 기상학에 관심을 두고 죽을 때까지 연구를 계속했지. 하지만 1868년 수도원의 대수도원장이 되면서 과학은 그의 생활에서 조금 벗어나게 되었으며, 그때부터 그는 수도원을 관리하는 책임자로서 오스트리아 정부를 상대로 수도원에 대한 세금 때문에 지루한 싸움을 계속했어. 그는 동료 수도사들과 자기가 살던 도시 사람들의 사랑과 존경을 받았으나, 당시의 위대한 생물학자들에게는 전혀 알려지지 않았어. 1900년 유럽의 식물학자 칼 에리히 코렌스, 에리히 체르마크 폰 세이세네크, 휴고 드 브리스 등이 각각 멘델과 비슷한 결과를 얻어내고 34년 전에 발표된 실험 결과와 개괄적인 원리를 문헌에서 찾아냄으로써 마침내 그는 죽은 뒤 명성을 얻게 되었지.

바이오피어 엄청난 과학 원리를 발견했지만 당시에는 인정받지 못했구나. 안타깝네.

바이오캔 이번에는 혈액형의 발견에 관해 이야기할 거야.

바이오큐브 A, B, O, AB를 말하는 거야?

바이오캔 맞아. 사람의 혈액형을 그런 식으로 분류하는 것을 ABO 혈액형이라고 부르는데, 이것을 처음 알아낸 사람은 오스트리아의 의사 란트슈타이너야. 유태인 가정에서 태어난 란트슈타이너는 빈 중등학교를 졸업한 후 빈대학교에서 의학을 공부하고 1891년에 박사 학위를 받았어. 그는 학생 시절에 음식이 혈액 구성에 미치는 영향에 대한 에

Karl Landsteiner 1868-1943,
오스트리아-미국, 1930년 노벨 생리의학상 수상

세이를 발표하기도 했지. 1891년부터 1893년까지 란트슈타이너는 독일 뷔르츠부르크대학과 뮌헨대학과 스위스 취리히대학에서 의학과 화학을 공부했어. 빈으로 돌아온 후 그는 위생연구소(Hygienic Institute)에서 그루버 Max von Gruber의 조수가 되어 면역 메커니즘과 항체의 성질을 연구했어. 또한 1897년 11월부터 1908년까지 그는 빈 대학교 병리-해부학 연구소에서 조교로 근무하면서 혈청학, 세균학, 바이러스학 및 병리학 해부학 문제를 다루는 75편의 논문을 발표했지. 게다가 그는 그 10년 동안 약 3,600건의 부검을 했어. 1911년에는 소아마비의 전염성을 발견하고 소아마비 바이러스를 분리했어.

바이오큐브 란트슈타이너는 어떻게 혈액형을 알아냈지?

바이오캔 1900년 이전에 상처에 의한 혈액 손실을 보충하기 위해 수혈이 시행되었어. 처음에는 동물의 피를 사람에게 수혈했는데, 이 과정에서 수혈받은 사람들이 많이 죽었어. 이후 1901년 란트슈타이너는 서로 다른 사람의 혈청을 시험관에서 섞었을 때 서로 응집될 수도 있고 그렇지 않을 수도 있다는 것을 알아냈어. 그는 두 혈청이 응집되지 않을 때 수혈이 가능하다는 것을 알아냈지. 그런 다음 그는 혈액 속 적혈구 표면에 있는 항원과 혈청 속에 있는 항체를 통해 인간의 혈액형을 A형, B형, O형●, AB형으로 분류했어.

바이오큐브 혈청이 뭐지?

● 처음에 란트슈타이너는 O형을 C형이라고 명명했다.

바이오캔   인간의 혈액에서 적혈구, 백혈구, 혈소판을 제외한 부분을 혈장이라고 하고 혈장에서 섬유소원을 제거한 나머지를 혈청이라고 해.

바이오큐브   항원과 항체가 어떻게 혈액형을 결정하지?

바이오캔   A형은 적혈구 표면에 A형 항원(응집원 A)을 가지고 있고, B형은 적혈구 표면에 B형 항원(응집원 B)을 가지고 있어. 적혈구 표면에 두 항원을 모두 가지고 있으면 AB형이고, 항원을 가지고 있지 않으면 O형이 되지. 한편 혈청 속에는 항체가 들어있는데 A형은 항B형 항체(응집소)를 가지고 있고, B형은 항A형 항체(응집소)를 가지고 있어. O형은 이 두 항체를 모두 가지고 있고, AB형은 항체를 가지고 있지 않아.

바이오큐브   수혈과 혈액형의 관계는 어떻게 되지?

바이오캔   수혈은 적혈구 표면의 항원이 중요해. O형인 사람은 항원이 없기 때문에 모든 혈액형의 사람들에게 수혈이 가능해. 하지만 A형인 사람은 A형 항원을 가지고 있으니까 항A형 항체를 가진 사람에게 수혈하면 안 돼. 그 경우 두 혈액은 응집이 되니까.

바이오큐브   항A형 항체를 가지지 않은 사람은 A형과 AB형이군.

바이오캔   맞아. 그래서 A형은 A형과 AB형에게 수혈이 가능하지만, O형이나 B형에게는 수혈이 불가능해.

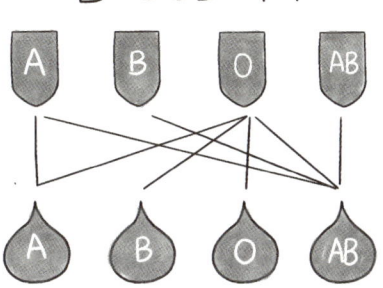

바이오큐브 B형은 B형과 AB형에 수혈이 가능하군.

바이오캔 맞아. AB형은 두 항원을 모두 가지고 있으니까 항체가 없는 AB형에게만 수혈할 수 있어. 반대로 O형은 항원이 없으니까 모든 혈액형에 수혈할 수 있지.

바이오큐브 혈액형이 발견되어 안전한 수혈이 이루어졌겠네.

바이오캔 맞아. 란트슈타이너의 연구 결과를 바탕으로 1907년 뉴욕의 마운트 시나이(Mount Sinai) 병원에서 루벤 오텐버그(Reuben Ottenberg) 최초의 성공적인 수혈을 수행했지.

바이오큐브 혈액형의 유전도 멘델의 법칙을 따르나?

바이오캔 혈액형의 우성인자는 A와 B 두 개이고, 열성인자는 O 한 개이기 때문에 중간 유전방식으로 유전의 법칙을 따르게 돼. 결국 A, B, O 세 개의 유전자형이 만드는 대립 유전자형은 다음과 같게 돼.

AA, AO, BB, BO, AB, OO

그러므로 대립 유전자형이 AA, AO인 경우는 A형, 대립 유전자형이 BB, BO인 경우는 B형, 대립 유전자형이 OO인 경우는 O형, 대립 유전자형이 AB인 경우는 AB형이 되지. 이제 혈액형의 유전에 대해 알아볼게. 엄마가 AO형이고 아빠가 BO형인 경우를 보자. 이 경우 자녀의 혈액형을 구하는 방법은 인수분해를 사용하면 돼.

$$(A + O) \times (B + O)$$
$$= AB + AO + BO + OO$$

따라서 엄마가 AO형이고 아빠가 BO형인 경우 자녀의 혈액형은 모든 혈액형이 가능해. 이번엔 엄마가 AO형이고 아빠가 AO형인 경우를 볼게.

$$(A + O) \times (A + O)$$
$$= AA + 2AO + OO$$

따라서 엄마가 AO형이고 아빠가 AO형인 경우 자녀의 혈액형은 A형 또는 O형이 가능해.

바이오피어 툰에서 아빠는 AB형이고 엄마는 O형인데 왜 자식이 AB형이 나오지?

바이오캔 아버지가 시스 AB형이면 가능해.

바이오피어 시스 AB형이 뭐지?

바이오캔 원래 A형 또는 B형 유전자는 각각 한쪽 염색체 위에 위치하는데, 시스란 같은 쪽에 있다는 뜻이야. 그러니까 시스 AB 유전자는 한쪽 염색체에 A형과 B형 유전자가 몰려 있는 거지. 염색체는 세포가 분열하여 커질 때 세포가 가지는 핵 속에 나타나는 굵은 실타래나 막대 모양의 구조물로 유전 물질을 담고 있어. 유전 물질을 담고 있는 염색체 위에 A형과 B형 유전자가 몰려 있어 통째로 유전되지. 그리고 시스 AB형과 O형 부모 사이에서는 AB형 또는 O형 자녀가 태어날 수 있어.

바이오피어 신기하네.

바이오피어 그러니까 무조건 의심은 금물이야. 다음 장에서는 부모의 성격이나 체질, 형상 따위의 형질을 전하는 유전 물질을 담고 있는 염색체에 대해 더 자세히 알아보자.

 성염색체 X, Y

바이오캔 염색체 중에서 성의 결정에 관계하는 것을 성염색체라고 불러. 성염색체 이외의 염색체는 보통염색체 또는 상염색체라고 불러. 성염색체는 종에 따라 또는 암수에 따라 차이가 있으나, 보통염색체는 동일한 것이 한 쌍씩 있어. 사람의 경우에는 모두 스물세 쌍의 염색체가 있는데 이 중 스물두 쌍은 보통염색체이고, 나머지 한 쌍이 성염색체야. 성염색체에는 X염색체와 Y염색체가 있어. X염색체에서 X는 '여분의'라는 뜻을 가진 'extra'에서 따온 이름이지. 날벌레의 정소에서 X염색체를 처음 발견한 헤르만 헨킹이 지은 이름이야. 그다음에 발견된 성염체는 X 다음 철자인 Y염색체로 명명되었지.

바이오피어 색맹은 어떻게 유전되지?

바이오캔 색맹이란 망막의 시세포에 이상이 있어서, 색깔을 제대로 구별하지 못하는 유전 형질을 말하고 색약은 색조는 느끼지만, 그 감수 능력이 둔하여 비슷한 색조의 구별이 곤란한 상태를 말해. 색맹은 유전으로 부모로부터 물려받아 생겨. 색맹 유전자는 X염색체 위에 존재하여 유전되는 반성유전이야. 여성은 X염색체를 두 개 가지기 때문에 XX, X'X, X'X'인 총 세 가지 경우가 있어. 앞의 두 가지 경우는 색맹이 나타나지 않고 X'X'인 경우가 색맹이야. 그리고 남성은 X염색체 하나와 Y염색체 하나를 가지므로 XY, X'Y인 두 가지 경우가 있는데, X'Y인 경우가 색맹이야. 그러니까 여자는 확률적으로 남자보다 색맹 유발 빈도수가 작아. 즉, 여성이 색맹이 되려면 두 개의 X염색체 모두에 색맹 유전자가 있어야 하고 남성은 한 개의 X염색체에만 있어도 색맹이 걸리기 때문에 남자가 색맹에 더 잘 걸리지.

바이오피어 남성이 색맹에 걸릴 확률이 훨씬 높은 거네. 그럼 부모님 두 분 모두 색맹이 아닌데 자식이 색맹이 될 수도 있어?

바이오캔 물론 가능해. 부모님이 색맹이 아닌데 자식이 색맹인 이유는 간단해. 아버지가 색맹이 아니라면 아버지는 색맹 유전자를 가지지 않고 성염색체 XY는 정상이야. 그러므로 자식은 어머니로부터 색맹 유전자를 받지. 어머니의

성염색체 두 개의 X 중 하나가 색맹 유전자를 가지고 있는 거지. 이럴 경우 어머니는 색맹이 나타나지 않았지만 보인자거든.

바이오피어 보인자는 뭐지?

바이오캔 보인자란 어떠한 형질이 표현되어 나타나지는 않지만 유전자를 가지고 있는 것을 의미해. 그러니까 어머니가 색맹이 아니더라도 어머니의 두 개의 X 성염색체 중 하나의 성염색체에 색맹 유전자를 가지고 있기 때문에 보인자가 되는 거지. 따라서 자식이 부모로부터 물려받은 색맹 유전자가 있는 X염색체는 어머니로부터 받은 거지.

바이오큐브 맛을 못 느끼는 것도 유전되나?

바이오캔 그것을 미맹이라고 해. 미맹이란 PTC 용액에 쓴맛을 느끼지 못하는 현상을 말해. 미맹을 가려내는 PTC 용액은 정상인의 경우는 쓴맛으로 느끼며, 미맹인 사람은 무미 또는 다른 맛으로 느끼지.

바이오큐브 PTC 용액이 뭐지?

바이오캔 PTC는 페닐티오카바마이드(phenyl thiocarbamide)의 약자로 원래 있는 화학물질이야. 흔히 방부제로 사용하는 물질의 테스트에 사용하기도 하는데, 사람이 먹어도 문제가 없는 물질로써 유전성을 테스트하기 위해 골라낸 물질이지.

바이오큐브 미맹은 어떻게 유전돼?

바이오캔 미맹은 우열의 법칙을 따르며 유전돼. PTC 미맹은 단순 열성으로 유전되므로 인류학상 및 인류 유전학상 매우 쓰임새 있는 형질로 취급되지. 그 원인은 충분하게 밝혀진 것은 아니지만, 타액의 조성이나 갑상선 기능의 이상과 관계가 있다는 견해도 있어. PTC 미맹자는 백인에게 많은데 약 30%이며, 흑인은 불과 약 3%이고, 황색인은 약 15%지.

바이오큐브 부모가 미맹이 아니어도 자녀가 미맹일 수 있어?

바이오캔 물론. 부모 두 사람 모두 미맹 보인자를 가지고 있으면 돼. 두 사람 모두 미맹 잡종 유전자(Tt)를 가지고 있고 두 개의 유전자 중 열성 유전자(tt)만 받았을 때 PTC 용액의 쓴맛을 느낄 수 없지. 자녀가 미맹일 수 있는 이유는 부모 모두 미맹 유전자의 보인자이기 때문이야.

바이오큐브 보인자의 판단은 후대에서 유전병이 발생했을 때 알 수 있네.

바이오캔 이번에는 알비노 이야기.

바이오큐브 알비노가 뭐지?

바이오캔 알비노란 유전을 의미하는 용어야. 색소는 C 유전자로 나타내는데, 알비노는 열성 유전으로 cc 유전자를 가질 경우, 멜라닌 색소를 합성할 수 없기 때문에 흰색으로 나타나는 거야.

바이오큐브 보통 색깔을 말할 때는 멜라닌 색소로 설명을 많이 하는 것 같은데 이 경우도 멜라닌 색소로 설명이 가능해?

바이오캔 알비노도 멜라닌 색소와 관계있어. 동물에서 나타나는 갈색, 흑색 등은 멜라닌 색소에 의해 나타나는데, 포유류에는 이 색소가 피부에 분포하고 있어 피부색을 나타내 주지. 따라서 멜라닌 색소가 결핍되면 피부의 색이 하얗게 돼. 멜라닌 색소가 결핍되는 것은 멜라닌 색소를 합성하는 유전자에 이상이 생겼기 때문이야. 이 유전자의 이상은 유전되며 부모 모두에게 이러한 유전자 이상이 있을 때 흰색 피부의 자녀가 태어날 수 있어. 이것을 백화증이라고 해.

바이오큐브 사람의 경우도 백화증이 있어?

바이오캔 물론 발견된 경우가 있어. 툰에서처럼 실제로 흑인 부부 사이에서 이란성 쌍둥이가 태어났는데 한 아이는 완전히 흑인이었지만 다른 아이는 피부색, 머리카락의 색 등이 완전히 백인과 같았어. 그러나 하얀 아기도 입술 모양, 골격, 머리카락 모양, 기타의 특징은 흑인 고유의 특징을 나타냈지.

바이오큐브 흰쥐도 알비노인가?

바이오캔 흰쥐는 알비노가 맞아. 흰쥐뿐 아니라 흰토끼나 흰 뱀도 알비노야. 멜라닌 색소가 결핍되는 유전자 이상이 있는 경우로, 이 유전자 이상은 계속 유전되기 때문에 같은 흰색 동물과 교배하면 계속 흰색을 얻을 수 있어.

바이오피어 씨 없는 수박은 어떻게 만들어?

바이오캔 씨 없는 수박은 염색체 수가 3배체인 수박을 말하는데, 수박에 식물 독성 알칼로이드 성분인 콜히친을 처리하여 나타나는 염색체의 배수성을 이용한 거야. 1947년 일본의 유전학자 기하라 히토시가 만들었으며, 우리나라에는 1952년 우장춘 박사가 처음 소개했어. 즉 정상인 유전자는 2배체 싹을 가지는데 여기에 콜히친 처리를 하여 4배체를 얻고, 이것을 다시 2배체와 교배시키면 3배체의 씨가 생겨. 이것을 심어서 얻은 열매가 바로 씨 없는 수박이야.

바이오피어 씨 없는 수박에는 정말 씨가 없어?

바이오캔 수박 속에 씨가 전혀 없는 것이 아니라 비록 씨는 있으나 그 씨 자체가 종자로서 구실 못 하는 것을 말해. 종자가 아니니 땅에 심어도 싹이 나지 않아 3배체 외에 꽃가루 받이용으로 일반품종을 재배해야 씨 없는 수박을 수확할 수 있어.

바이오피어 일반 수박과 어떤 차이가 있지?

바이오캔 재배하는 방법뿐 아니라 일반 수박보다 맛과 당도가 뛰어나다는 점에서 차이가 있어.

바이오피어 일반 수박보다 맛과 당도가 높은 이유는 뭐지?

바이오캔   일반 수박은 종자가 모든 영양분을 섭취하고 남은 것이 과육에 축적되지만, 씨 없는 수박은 씨가 영양분을 흡수하지 않고 과육으로만 영양분이 축적되므로 일반 수박보다 맛과 당도가 높아.

바이오피어   수박씨로 누가 더 멀리 뱉는지 내기를 할 수 없겠네. 그렇지만 맛있는 수박이 더 좋긴 해~

바이오캔   맞아. 다음 장에서는 현대 사회에서 다양한 형태로 연구가 이루어지고 있는 유전공학에 대해 알아보자.

5. 유전공학: 유전자 가위

바이오캔 이번에는 유전공학 이야기.

바이오큐브 유전공학?

바이오캔 유전공학은 생물체가 가진 유전물질을 가지고 행해지는 모든 기술적 학문 분야를 의미해. 유전공학은 유전물질과 제한효소의 발견, DNA 재조합 기술의 발달, 플라스미드의 발견과 활용 등과 같은 유전학의 발달에 기초하여 본격화되었으며, 현재는 생물체가 가진 유전자의 기능 상실, 기능획득 등을 통해 연구, 의약, 산업, 생명공학 및 농업을 포함한 다양한 분야에 적용되고 있지.

바이오큐브 DNA가 뭐지?

바이오캔 DNA는 본래 세포 내에서 가느다란 실과 같은 형태로 존재해. 그러나 세포가 분열할 때 DNA의 이동의 편리를 위해 DNA가 엉겨 붙으며 굵직한 구조체를 형성하게 되는데, 이를 염색체라고 하지. 또한 DNA에 저장된 유전 정보 그 자체를 유전자라고 해.

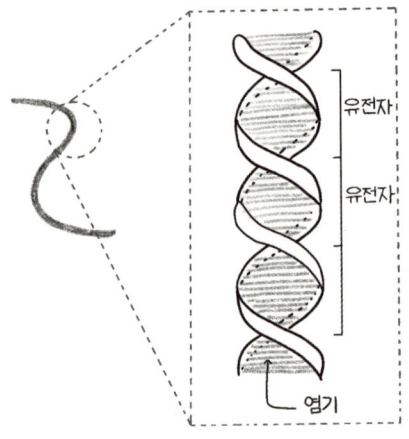

바이오피어 식물에 유전공학이 어떻게 이용되지?

바이오캔 현대의 학문은 유전학적 접근에 많이 의존하고 있어. 유전공학적 기법을 활용하여 생명체가 가진 유전자의 기능 상실, 저하, 획득을 통해 유전자가 인지하는 단백질의 생물학적 기능과 역할을 연구하지. 하지만 이러한 연구 노력도 궁극적으로는 인류의 존속과 발전을 위한 식량 및 식품의 안정적 공급에 목표를 두고 있어. 다시 말해 식물을 대상으로 하는 유전공학적 연구는 생명체로써 식물 또는 식물세포에서 일어나는 학문적 탐구와 함께 작물에 응용되어 농업 발전에 기여하고 있어. 유전공학을 기반으로 하는 작물 연구는 궁극적으로 두 가지 목표를 가져. 첫째는 작물 생산량의 양적 증가이며, 둘째는 작물의 질적 변화야. 양적 증가를 위해 식물의 성장을 가속하거나 작물의 성장을 촉진하는 주요성분이 작물에 도달하는 수송 능력을 증가시키는 등의 직접적인 기능을 가진 유전자의 발굴과 활용의 형태로 진행되거나, 생물학적 병원체나 비생물학적 생산성 저해 요인에 대한 내성을 강화하는 형태로 진행되기도 하지. 더불어 인간에게 유효한 기능성 성분을 생산하는 새로운 작물의 개발을 통해 질적 변화를 유도하기도 하지. 이와 같은 목적을 위해 유전공학적 방법으로 유전자가 변형된 작물을 유전자 변형 작물이라 하는데, 세계 최초로 유전자 변형 작물의 상업화는 1992년 중국의 바이러스 저항성 담배이며, 식품으로는 1994년 미국의 잘 물러지지 않는 토마토의 상업화야.

바이오피어 잘 무르지 않는 토마토는 어떻게 만들지?

바이오캔 'Favar Savr'이라는 이름의 이 토마토는 미국의 칼젠사(Calgene, 1997년 몬산토로 합병)가 1994년 미국식품의약국(FDA)의 승인을 받아 시판한 최초의 상용화된 유전자 변형식품이야. 숙성된 토마토가 유통되는 과정에서 연화

되어 상품성이 떨어지는 것을 방지하고자 개발된 Favar Savr는 세포벽 구성 물질인 펙틴^{pectin}을 분해하는 효소의 안티센스^{antisense} 유전자를 가지고 있어 효소의 발현이 억제돼. 펙틴의 분해로 토마토는 부드러워지며 쉽게 곰팡이와 같은 병원균에 감염되어 손상을 받는데, 이 효소의 발현 억제는 토마토의 단단함을 유지해 주기 때문에 긴 유통기간에도 신선함을 유지하지. 이처럼 유전공학적 방법은 목적에 따라 대상 유전자의 발현을 억제하거나 활성화함으로써 보다 나은 형질의 개선을 통해 작물의 생산성을 높이거나 질적 향상을 유도할 수 있어.

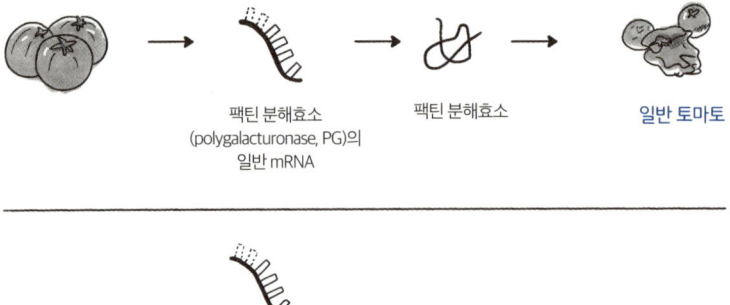

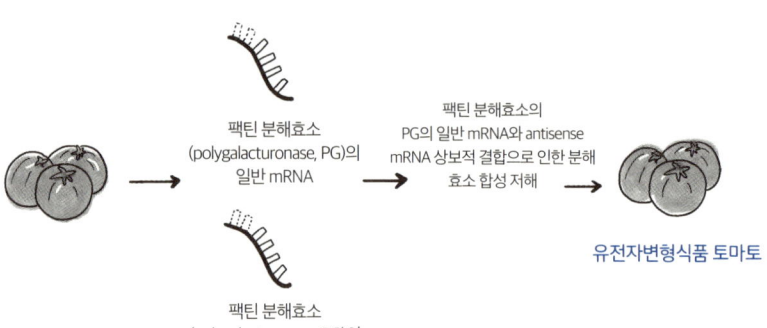

바이오피어 유전자 변형이 항생제 내성을 막는데도 쓰인다고 들었어. 어떤 원리지?

바이오캔 연구자들은 약물에 내성이 있는 박테리아가 약물에 민감한 것으로 간주될 수 있도록 하는 유전자 변형 전략을 만들었어. 항생제 내성을 퇴치하는 이러한 전략은 최근의 다른 약물 발견 방법보다 비용이 적게 들지. 현재 과학자들은 사람들에게 생명을 주는 항생제를 생산하기 위해 생합성 박테리아 기계를 사용해. 차이탄 코슬라 교수의 연구실에서는 유전공학자들의 연구로 현재까지 가장 큰 유전자를 대장균에 주입해 페니실린 대체물질인 에리트로마이신 전구체를 상당량 생산할 수 있는 개체로 변형시켰어. 에리트로마이신에 새로운 특성을 부여하고 이를 수정하기 위해 유전자를 다시 프로그래밍하지. 처음에 화학은 에리트로마이신 분자를 변화시키기 위해 사용되었는데, 이는 매우 비용이 많이 드는 접근법이야. 그래서 오늘날에는 이 실험은 화학자를 적용하지 않고, 유전자는 변형된 에리트로마이신을 만들기 위해 재프로그램이 되지. 이 기술은 시간이 더 짧고 효율적이야.

바이오큐브 유전자 가위는 뭐지?

바이오캔 유전체에서 특정한 유전자 염기서열을 인지하여 해당 부위의 DNA를 절단하는 인공 제한 효소인데, 인간 또는

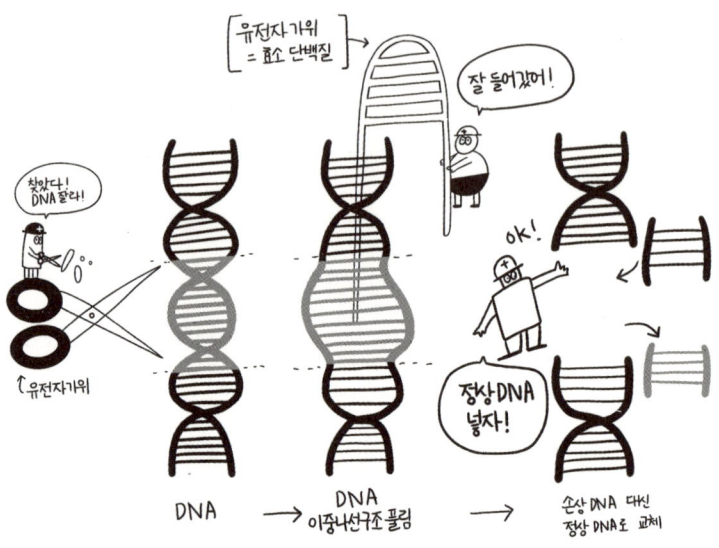

동식물 세포의 유전자 교정에 사용되는 걸 말해. 유전자 가위 중에서 기술적으로 가장 진보한 가장 최근의 기술인 크리스퍼 유전자 가위는 DNA에서 원하는 유전자 부위를 잘라내는 효소 단백질을 말해. 길잡이 격인 가이드 RNA가 유전자 DNA에서 수리가 필요한 곳을 찾아가 지퍼처럼 결합하지. 캐스9^{Cas9}이라는 효소 단백질이 손상된 DNA를 잘라내면, 그 부위가 정상 DNA로 대체되지.

바이오큐브 유전자 가위로 어떤 걸 만들었지?

바이오캔 일본 쓰쿠바대에서 창업한 사나텍은 크리스퍼 유전자 가위로 토마토에서 가바 아미노산을 분해하는 효소를 덜 생산하도록 유전자를 교정했어. 즉 분해 효소를 만드는

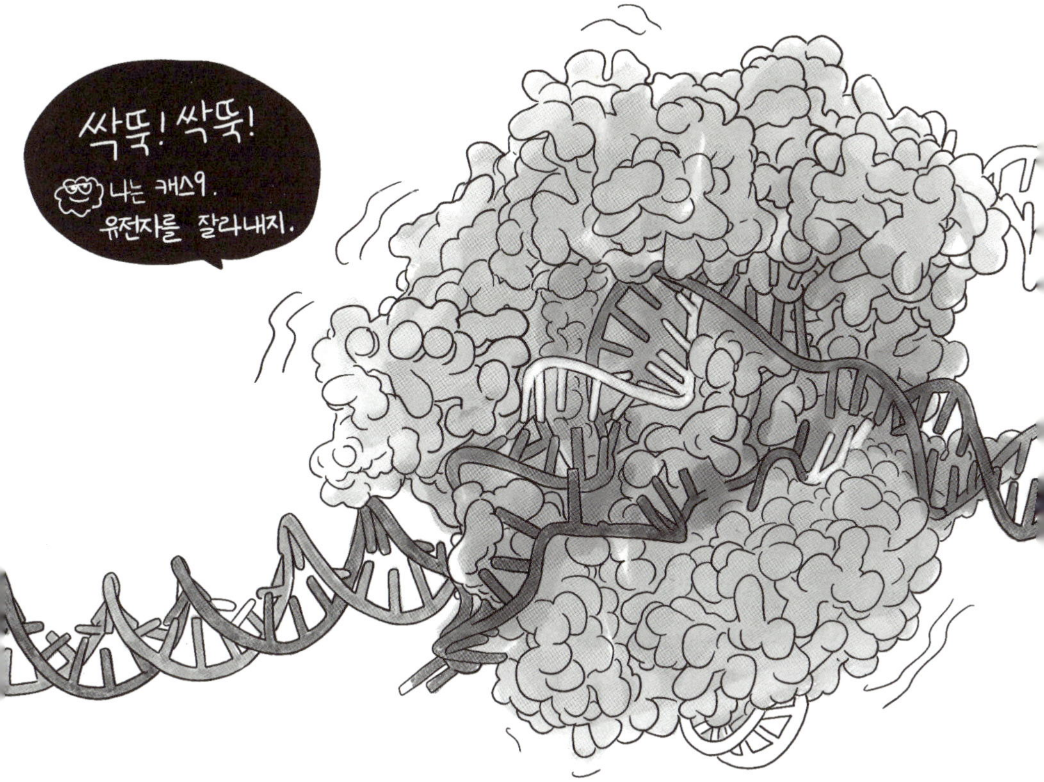

유전자를 잘라낸 것이지. 사나텍은 크리스퍼 유전자 가위 덕분에 토마토의 가바 함유량이 다섯 배나 증가했다고 밝혔어. 가바는 뇌에서 신경세포가 과도하게 작동하는 것을 막아 수면을 촉진하고 스트레스와 불안을 줄인다고 알려졌지.

바이오큐브 토마토 말고 다른 것도 있어?

바이오캔 물론. 가바 토마토의 뒤를 이어 다양한 크리스퍼 농작물들이 시장에 선보일 준비를 하고 있어. 미국 펜실베이니아 주립대는 크리스퍼 유전자 가위로 수확 후에도 갈색으로 변하지 않는 버섯을 개발해 2016년 식품의약국(FDA) 시판 허가를 받았어. 미국 콜드 스프링 하버 연구소는 지난 2019년 크리스퍼 유전자 가위로 열매가 포도

송이처럼 열리는 방울토마토를 개발했어. 크기가 작아도시 농업에 적합한 품종으로 평가받았지. 그 외에도 쌀과 옥수수, 밀, 콩 등 다양한 농작물에서도 유용 물질과 생산량을 늘리는 데 크리스퍼 유전자 가위가 활용됐어. 일본에서는 근육량이 50% 증가하도록 유전자를 교정한 참돔이 시판 허가 심사를 받고 있어. 유전자를 자유자재로 잘라내는 가위가 농업에 새로운 혁명을 예고하고 있어. 병충해에 더 잘 견디고 생산량이 늘어나는 신품종 농작물과 가축이 속속 개발됐지. 특히 지구온난화 속도가 빨라지면서 기후변화에 대응할 품종 개발도 활발하지.

바이오큐브 앞으로 어떤 유전자 변형 작물이 나올지 알 수 없군.

바이오캔 맞아. 유전공학은 과학이 발달함과 동시에 계속 발전하고 있으니까. 과학이 발달하면서 인간사회는 훨씬 더 살기 좋아지고 있는게 사실이지. 다음 장에서는 인간의 기대 수명을 늘리기 위한 인간의 의지가 이루어낸 위대한 업적 중 하나인 의료기기의 발명과 발전에 대해 알아보자고.

6 의료기기

바이오캔   이제 의료기기의 발명에 관한 이야기를 해볼게. 최초의 의료기기는 X선이야.

바이오큐브   뼈가 부러졌는지 보는 거 말이지?

바이오캔   그래. X선은 물리학자가 발명했어.

바이오큐브   물리학자 누구?

바이오캔   1895년 11월 8일 저녁 독일의 물리학자 뢴트겐은 실험실에서 방전관 실험을 마친 후 전원을 끄고 방전관에 검은 천을 덮고 나오려는 순간 실수로 스위치를 건드려 방전관이 작동되었어. 그런데 놀라운 일이 일어났어. 실험실 한쪽에 놓여 있던 형광스크린이 반짝거리는 것이었지. 실험실 불을 껐는데도 말이야. 물론 방전관이 작동되었으니 관 안에 푸르스름한 빔이 생겼을 테지만 방전관은

검은 천으로 뒤덮여 있어 그 빛이 밖으로 새어 나오지는 못했겠지. 뢴트겐은 무엇이 형광스크린을 깜박거리게 했을까에 대해 궁금해했어. 뢴트겐은 방전관에서 눈에 보이지 않는 어떤 빔이 나와 검은 천을 뚫고 나와 형광스크린에 도달했다고 생각했어. 뢴트겐은 정체를 알 수 없는 이 미지의 빔을 X선이라고 불렀어.

바이오큐브 X선 발견은 우연한 결과군.

바이오캔 그런 셈이야. 하지만 뢴트겐은 X선의 성질을 알아내려고 많은 실험을 했어. 방전관과 형광스크린 사이에 두꺼운 책을 놓고 방전관 스위치를 올리자 형광스크린이 깜

빠거렸지. 즉 X선이 두꺼운 책을 투과한 거지. 뢴트겐이 실험에 사용한 책은 1,000쪽 정도의 책이었어. 뢴트겐은 다양한 물질들로 투과력을 테스트했어. 뢴트겐은 백금으로 만든 판의 경우는 0.2밀리미터를 투과하고, 납으로 만든 판의 경우는 1.5밀리미터의 두께를 투과하고 나무로 만든 판의 경우는 20밀리미터를 투과한다는 것을 알아냈어. 뢴트겐은 X선을 사람에게 쪼이면 단단한 뼈는 뚫고 지나가지 못하고 살은 뚫고 지나갈 것이라는 생각을 하게 되었어. 뢴트겐은 이 사실을 확인하기 위해, 아내의 손뼈 사진을 X선으로 촬영했어. 그 결과 아내의 손뼈 쪽으

로 지나가는 X선은 손뼈를 통과하지 못하고 그 외의 지역을 지나간 X선은 손을 통과하여 사진 건판을 하얀색으로 변하게 했어. 사진 건판에 나타난 모습은 손뼈 부분만이 검게 나타나고 다른 부분은 하얗게 변해버린 그런 사진이었어. 즉 최초로 손뼈의 사진을 찍는 데 성공한 셈이지.

바이오큐브 최초의 X선 촬영을 한 사람이 뢴트겐의 아내였군.

바이오캔 맞아. 1896년 1월 4일 독일 물리학회 50주년 행사에서 뢴트겐은 X선에 관한 강연을 했고 많은 과학자의 관심을 끌었어. 과학자들 못지않게 의사들의 관심도 대단했지. 그들은 뢴트겐 아내의 손뼈 사진을 보고 X선이 사람 몸속의 뼈 사진을 찍을 수 있는 좋은 의료기기가 될 것을 확신

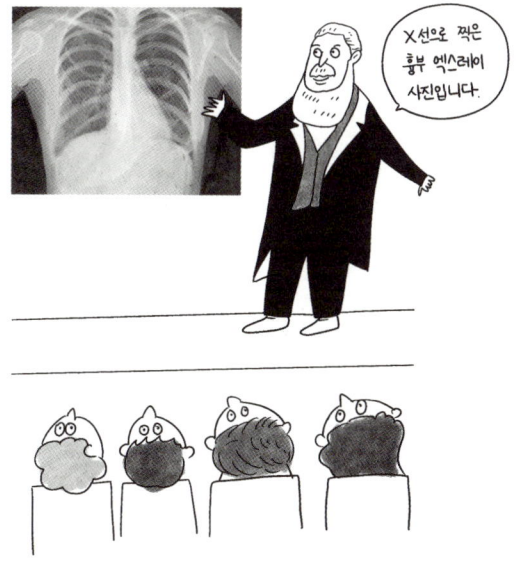

했지. 그래서 뢴트겐은 여러 병원을 돌면서 X선에 관한 강연을 해주었어. 당시 유명한 전기회사에서 X선에 대한 특허를 자신들이 사려고 했지만, 뢴트겐은 "X선은 모든 인류의 것이지 나의 것은 아닙니다."라며 제안을 거절했어. 뢴트겐은 X선에 대한 특허를 내지 않았고 누구나 무료로 X선을 이용할 수 있었지. X선 발견은 큰 파장을 몰고 왔어. 특히 X선은 외과 수술에서 중요한 역할을 하게 되는데, 1886년 1월 20일 베를린의 어느 의사는 X선을 이용하여 손가락 속에 박힌 유리 조각을 꺼냈고, 같은 해 2월 7일 영국의 한 의사는 X선으로 어떤 소년의 머리뼈에 박힌 총알을 꺼내는 데 성공했어. 이로써 방사선 의학으로 알려진 분야가 X선의 발견으로 싹트게 되었지.

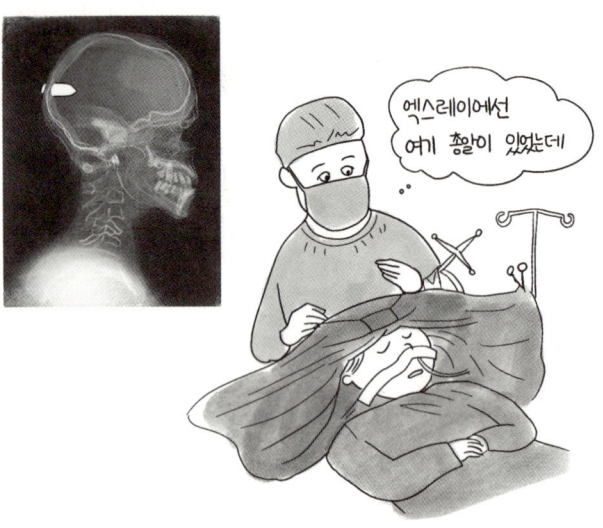

바이오큐브 재미있는 역사네.

바이오피어 병원에는 초음파 검사기도 있어. 그건 어떤 원리지?

바이오캔 초음파는 사람이 들을 수 있는 주파수보다 높은 주파수를 갖는 음파로 사람이 들을 수 없는데, 초음파 검사는 바로 이 주파수를 이용해 인체 내부로 전파시켰을 때 체내 연조직에서 반사된 음파로 얻어진 영상을 이용한 검사야. 초음파를 진단 목적으로 사용한 최초의 의학자는 오스트리아의 신경학자 두시크지. 그는 1938년 뇌실을 진단하는 자신의 초음파 탐상법을 공개했어.

바이오큐브 초음파 검사는 어떤 식으로 발전했는지 알려줘.

바이오캔 1950년에는 최초의 수침법 스캐너가 개발되었어. 처음에는 물통으로 양동이가 사용되었지만, 나중에는 '캐틀 탱크 스캐너'로 역사에 이름을 남긴 가축용 물통이 사용되었지. 환자나 검사해야 하는 장기를 물에 담그면 모터로 조종되는 초음파 변환기가 물통을 따라 나무 레일 위를 움직였지. 1954년에는 최초의 2차원적인 '복합 스캐너'가 소개되었어. 초음파 변환기가 물통 안에서 자동으로 회전하면서 모든 방향에서 환자에게 초음파를 발사했지. 1957년 최초의 접촉 복합 스캐너를 제작한 부인과 의사 도널드의 공로로 초음파 검사기의 역사는 절정에 도달할 정도로 발전했어. 환자를 물속에 담그는 것이 더 이

상 필요 없게 되었고, 초음파 변환기를 직접 피부에 갖다 대고 손으로 움직여 진단하는 획기적인 방법으로 개선되었지. 근대시대는 실시간 기구들의 사용으로 시작됐어. 최초의 실시간 기구인 '고속 B모드 스캔'은 1956년 에를랑겐의 지멘스 공장에서 소개되었어. 이 장치는 14센티미터 크기의 신체 부위를 1초당 열여섯 장의 사진으로 실시간 검사할 수 있는 자동 스캐너였어. 1980년대에 들어서서 차세대의 기기들로 엄청난 발전이 이루어졌지. 초음파 검사는 다수의 전문영역에 진입하였는데 오늘날 병원의 일상에서 더 이상 떼어놓을 수 없는 필수 진단검사 기기가 되었지.

바이오피어 요즘 병원에서 건강검진할 땐 무조건 초음파 검사는 하는 거 같아.

바이오캔 이번에는 컴퓨터 단층촬영에 대해 알아볼게.

바이오큐브 누가 발명했지?

바이오캔 20세기 의료계 최대의 개발로 일컬어지는 컴퓨터 단층촬영(CT)을 처음 고안한 사람은 미국 터프스대 물리-천문학부 교수인 매클레오드 코맥 교수야. 원래 핵물리학자인 그는 1956년 남아공의 한 병원 방사선실에 잠시 재직하면서 우연히 CT 발명에 발을 들인 후, 1962년 단층촬영술의 기초를 확립하고, 이어 1972년 미국 EMI사에서 하운스필드 박사와 함께 이를 처음 실용화시켰어. 코맥과 하운스필드는 CT 개발의 공로로 노벨상을 수상했지.

바이오캔   이번에는 MRI의 발명에 관한 이야기.

바이오큐브   누가 발명했지?

바이오캔   2003년 10월 노벨상 선정위원회는 "인체에 무해하고 정확한 방식으로 인체 장기의 영상을 얻는 발견이 의학 진단과 연구에 획기적인 전기를 마련했다."며 미국의 폴 로터버와 영국의 피터 맨스필드 박사를 노벨 생리의학상 수상자로 선정했어. 이들이 발명한 것은 바로 자기공명영상장치 MRI, Magnetic Resonance Imaging 이지.

바이오큐브   MRI는 어떻게 몸속을 들여다보지?

바이오캔   MRI는 핵자기공명 NMR, Nuclear Magnetic Resonance 이라는 물리학적 원리를 영상화한 기술이야. MRI는 우리 몸의 70%나 차지하는 물 분자를 이루는 수소 원자를 이용해. 수소의 원자핵은 양성자라 불리는 아주 작은 입자인데, 양성자는 지구가 자전하듯 회전하기 때문에 미니 자석 같은 성질을 나타내지. 그런데 자석은 자기장을 형성해 같은 극끼리는 밀고 다른 극끼리는 당기는 식으로 서로 힘을 미치거든. 인체는 부위와 조직에 따라 물의 분포가 약간씩 다른데 이를테면 근육과 뼈는 물의 함량이 크게 달라. 또 종양과 같이 문제가 발생한 부위는 정상 조직과 물의 함량이 달라지지. 따라서 MRI를 통해 근육, 뼈, 뇌, 척수 등의 물의 함량을 조사하면 신체 내부를 들여다볼 수 있어.

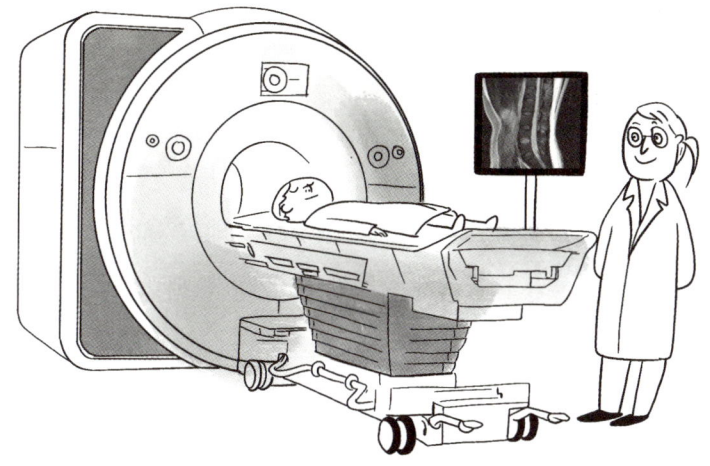

이 성질을 이용해 강한 자기장을 걸어서 몸속을 들여다 보는 장치가 바로 MRI야. MRI에 장착된 고감도 자기 센서는 신체의 조직의 물이 만드는 미약한 자기장을 감지하지. 이를 내부 코일로 증폭시켜 위치와 세기를 등고선처럼 나타내고 컴퓨터를 이용해 이 등고선처럼 표시된 것을 영상화하면 몸속 사진이 나와.

바이오큐브 CT와 MRI의 차이는 뭐지?

바이오캔 CT는 횡단면만 촬영이 가능하지만 MRI는 종·횡단면을 모두 찍을 수 있거든. 그래서 뇌 질환이나 허리뼈, 근육, 연골, 인대, 혈관처럼 수분이 많은 곳을 선명하게 찍어낼 수 있어. 실제로 MRI는 의대 해부학 시간에 돋보기로 관찰하던 귀 안의 세반고리관이나 달팽이관도 살펴볼 수 있지. 과학자들은 MRI의 정확도를 높이기 위한 연구를 계속했어. MRI 기계의 자기장을 높여 정확도를 올리는 방법도 있지만 보다 효과적인 것은 조영제를 바꾸는 것이었지. 조영제란 MRI를 찍기 전에 주사해 원하는 부위의 영상을 선명하게 보이게 하는 역할을 하는 시약이야. 세포를 현미경으로 관찰하기 전 아세트산카민이나 메틸렌블루 등의 염색약으로 염색하면 더욱 쉽게 관찰할 수 있는 것과 같은 이치이지.

바이오큐브 그래서 CT보다 비싸구나.

바이오캔 맞아.

에필로그

생물들이 사라지지 않기를

지구는 아름다운 행성입니다. 지구에는 사람을 포함해 수많은 동물과 식물들과 곤충들이 살고 있습니다. 하지만 생물을 사랑하지 않는 일부 몰지각한 어른들 때문에 어떤 동물들은 멸종위기에 처해있습니다. 우리는 어떤 동물도 멸종되지 않도록 노력해야 할 의무가 있습니다.

우리는 우리의 몸에 대해 얼마나 알고 있나요? 잘 아는 것 같지만 너무 모르고 있습니다. 우리 몸을 잘 알아야 병에 걸리지 않는 방법을 알게 됩니다. 이 책의 2부인 인체 편을 읽으면 우리 몸에 대해 많은 것을 알 수 있습니다. 재미있는 웹툰을 곁들여 생동감 있게 우리 몸의 각 부분이 하는 역할에 대한 설명을 다루었습니다.

3부는 유전과 진화에 대해 다루고 있습니다. 유전 물질인 DNA는 이제 누구나 잘 알고 있는 용어입니다. 유전 물질이 나오기 전까지 과거의 생물학자들은 어떻게 부모의 성질이 자녀에게 대물림 되는지를 연구했습니다. 진화론의 창시자 다윈, 유전법칙을 발견한 멘델의 이야기를 자세히 다루었고 엄마, 아빠에게서 나올 수 있는 혈액형의 유전에 대해서도 자세히 다루었습니다. 또한 돌연변이나 신기한 유전 현상에 대해서도 재미있게 서술했습니다. 마지막으로는 우리가 병원에서 쉽게 접하는 의료기기들의 발명의 역사를 다루었습니다. 앞으로 더 새로운 의료기기가 발명되면 과거에 치유되지 않던 병들도 치유될 수 있는 방법이 생길지 모릅니다. 이렇게 의료기기의 발명을 통해 인류가 아프지 않고 행복하게 살 수 있기를 기원합니다.

생물의 탄생부터 유전공학까지

1,400만 종 지구 생물 신비한 생명 탐험

ⓒ 이화·정완상, 2024

초판 1쇄 인쇄 2024년 10월 18일
초판 1쇄 발행 2024년 10월 25일

그림   이화
지은이   정완상

펴낸이   이성림
펴낸곳   성림북스

책임편집 홍지은
디자인   북디자인 경놈

출판등록 2014년 9월 3일 제25100-2014-000054호
주소   서울시 은평구 연서로3길 12-8, 502
대표전화 02-356-5762   **팩스** 02-356-5769
이메일   sunglimonebooks@naver.com

ISBN   979-11-93357-36-1 (73470)
            979-11-93357-37-8 (세트)

* 책값은 뒤표지에 있습니다.
* 이 책의 판권은 성림원북스에 있습니다.
* 이 책의 내용 전부 또는 일부를 재사용하려면 성림원북스의 서면 동의를 받아야 합니다.